殯 葬 學 概 論
Introduction to Mortuary Science and Funeral Service

鈕則誠／著

中華殯葬教育學會・中華生死學會　主編
中華民國葬儀商業同業公會全國聯合會　協力

出版緣起

　　人生不脫生老病死，替人們料理後事的殯葬業乃民生所必需。為提升殯葬業的服務品質，並改善世人對於殯葬的成見，勢必要大力推動殯葬改革，而其中最重要的一環便是殯葬教育。在臺灣，有系統的殯葬教育始於一九九九年初，南華管理學院所設置的「殯葬管理研習班」；同年秋天，「中華殯葬教育學會」在這個研習班的基礎上創立。無獨有偶地，海峽對岸的長沙民政學校也在這一年升格為長沙民政職業技術學院，並將高職層次的「殯儀技術與管理專業」，提升至大專層次的「殯儀系」。此外，大陸與臺灣先後於一九九七年及二〇〇二年頒布同名的法案〈殯葬管理條例〉，可說象徵著改革契機的出現。上述這一切變化都發生在過去十年之內，反映了華人世界的殯葬改革正方興未艾。

　　背負著改革成敗責任的教育實踐，需要有扎實的學問知識做基礎。當我們看見上海殯葬文化研究所於二〇〇四年底策劃出版一套十二冊「殯葬學科叢書」，以提供高等院校的殯葬專業教材，便激發出起而效尤的決心。適逢內政部有意在大專院校推行設置殯葬專業二十學分班，當作檢覈禮儀師證書的教育訓練必備條件。為順應此一趨勢，空中大學已規劃在附設的空中專科學校成立「生命事業管理科」。倘若順利推展，空專生管科將是臺灣第一所完全為培育殯葬專業人才而設立的大專層級正規科系；畢業生可獲頒副學士學位，未來更得以考授禮儀師證照。

　　總體來看，殯葬教育撥雲見日的時機已經到來，中華殯葬教育學會很高興能夠跟中華生死學會、中華民國葬儀商業同業公會全國聯合會兩大團體合作，並在威仕曼文化事業公司總經理葉忠賢先生、總編輯閻富萍小姐的全力支持下，集思廣益著手編輯一套「生命事業管理叢書」，作為今後推動殯葬專業教育的核心教材。希望我們的持續努力，能夠為華人「慎終追遠」的文化傳承做出貢獻。

　　　　　　　　　　　　　　　　　鈕則誠
　　　　　　　　　　　　　　銘傳大學教育研究所、中華殯葬教育學會

自　序

　　去年五月初，我跟威仕曼簽約，準備寫一本以殯葬議題爲主的專書，同時藉機和我指導的研究生李慧萍小姐相互切磋。一年多來，由於連續參與空中大學所製播的兩個教學節目，亦即「臨終關懷與實務」與重製的「生死學」，再加上授課負擔以及先前的稿債，始終沒有動筆寫作本書。今年六月中，慧萍提出了十萬字的碩士學位論文《建構華人生命教育取向的殯葬教育》，令我深感佩服，也決定修正原先的構想。在徵得總編輯閻富萍小姐同意後，我開始起草撰寫一本獨立的殯葬學入門教科書，但是仍然維持一貫的生命教育精神。

　　這本書的順利完成，首先要感謝慧萍所作研究對我的重大啓發，她可說是實現了我的未竟之業。此外當然要向威仕曼文化事業公司的發行人葉忠賢先生、總編輯閻富萍小姐，以及執行編輯李鳳三小姐等，表達我由衷的謝意。正是這幾位出版人的遠見與創新嘗試，得以讓冷僻和禁忌的殯葬論述，納入主流的出版品。但願這塊園地能夠永續經營與發展。

鈕則誠

二○○五年十月十四日五十有二

目　錄

【導　論】

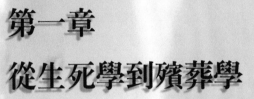

第一章
從生死學到殯葬學

　　《殯葬學概論》首章係全書導論，主要向讀者介紹建構臺灣殯葬學的來龍去脈。殯葬屬於朝向專業發展的實務學科，有其本土化的根源和在地實際狀況；而作為一套新興知識，也有西方的參照對象。本書主張以華人的「生死學」為基礎，以建構發展臺灣的「殯葬學」；而生死學和殯葬學的西方對照知識乃是「死亡學」和「殯葬科學」。本章四節即分別簡述死亡學、殯葬科學、生死學及殯葬學之大要。由於西方國家與華人社會對殯葬活動的著眼點不盡相同，使其知識內涵也大異其趣。例如美國、大陸和臺灣，各自看重遺體處理、陵園設計與禮儀民俗，即反映出歷史社會文化背景的差異。基於殯葬的高度實務導向，加上不可忽視的文化因素，使其知識建構呈現在地化、局部性，本書乃設定以臺灣地區的華人讀者和業者為主要對象。

引　言

　　至二〇〇五年中，生死學在臺灣問世已經整整十二年。生死學談生論死，原本觸及人心忌諱；但是臺灣於經濟發展達到一定程度後，人們的生活條件獲得改善提升，進而開始關心生老病死的品質問題，竟使得生死學蔚爲流行。生死學跨越自然科學、社會科學、人文學等知識領域，並且牽涉到醫療照護和喪葬殯儀等實務活動。由於醫療照護活動已經高度專業化，生死學僅能就其實況加以討論。反倒是喪葬殯儀活動，連系統化的知識形態都尚未具備，更遑論朝專業化發展，但如此卻予生死學充分發揮的空間。事實上，許多人聞及生死學立即聯想到殯葬方面去；通過生死學以建構殯葬學知識，似乎是生死學責無旁貸的任務。《殯葬學概論》一書，正是在這種因緣中應運而生。

一、背景知識

　　本書屬於在地知識建構下的入門教科書，爲求系統分明、淺顯易懂，全書十一章皆以統一格式撰寫，以示各章論述的起、承、轉、合。由於有關生死與殯葬的科學性知識，大多創始發展於西方，因此第一、二兩篇各章的前兩節，主要引介西化的相關學理，而在後兩節對之進行本土轉化，以建構在地知識。「本土」與「在地」兩者爲不同層次的概

念，大家不可不辨；前者係指以漢民族為主的中華文化，後者則強調具有臺灣特色的文化性活動。像臺灣的殯葬活動，有七成可歸於漢人的道教傳統，但又夾雜了日據時代遺留的部分習俗，而與大陸各地有所不同。在此意義下，具臺灣特色的殯葬學之背景知識，乃是西方的「死亡學」和「殯葬科學」；它們經過本土化與在地化之後，即成為華人的「生死學」及臺灣的「殯葬學」。

　　仔細考察，「生死」與「殯葬」兩個概念，在性質上也有所出入；前者指涉有關人的一系相當廣泛的存亡狀態，後者則清楚對焦於人死後的遺體處理。換言之，殯葬是由死亡直接衍生出來的問題，理當扣緊死亡狀態而發。然而實際情況並不完全如此，因為殯葬人員處理的雖然是去世的遺體，接觸的卻是悲傷的家屬；而在生前契約推廣流行的今天，業者更有機會直接面對作為服務對象的當事人。這正是殯葬學一開始既要談遺體處理，也要介紹臨終關懷與悲傷輔導的理由。「臨終關懷」和「悲傷輔導」是西方死亡學四種專業實務之中的兩種，另外兩種則為「死亡教育」及「殯葬管理」。稱作「專業實務」的理由，是因為這些實務在西方國家，都需要考授專業證照方能執行實務。光是專業化這一點，目前在臺灣便有很長的路要走。

　　殯葬學的建構需要銜接上生死學知識，而生死學和殯葬學的發展，則源自死亡學與殯葬科學，本章四節將依序介紹死亡學、殯葬科學、生死學與殯葬學。「死亡學」創始於一九〇三年的法國，是由一位來自俄國的生物學家梅欣尼可夫（Ilya Ilich Mechnikov, 1845-1916）首先提出，他同時還開創了「老年學」，而且在免疫學上的先驅研究還使他獲得一九

○八年諾貝爾醫學獎，由此可見死亡學是建構在深厚的科學根源上。但當死亡學不久後被一位醫師引進美國後，從此卻遭受人們不聞不問達半個世紀之久，直到六○年代初期，才由一群社會科學家與精神科醫師加以復興。歷史學家指出，二十世紀西方社會的特色之一乃是「否定死亡」；而死亡學被學者從人們的遺忘中發掘得以重見天日，象徵著「死亡覺醒運動」的逐步開展。

美國死亡覺醒運動的興起，多少受到歐陸「存在主義」哲學思潮的影響。數千年來，西方世界的死亡議題，大多交給基督宗教去處理，鮮見哲學家對此作出有系統地探究。真正正視死亡議題並進行深度考察的，首推十九世紀丹麥哲學家齊克果（Søren Aabye Kierkegaard, 1813-1855）。身為一個虔誠的基督徒，齊克果反思自己作為造物主的受造物之存在性質，發現有限生命的四種特徵：個體、時間、變化、死亡；四者的關係為：「個體」在「時間」之流中，不斷「變化」而步向「死亡」。這便是每個人終其一生的「存在處境」，雖然無法扭轉，卻可以在每一個關鍵時刻，作出適當的「存在抉擇」。用我們熟悉的話來講：「命」由老天決定，「運」則靠自己安排；「生死」有命，「生活」便留給自己安頓，包括「善終」在內。

死亡學在死亡覺醒運動的呼聲中，藉著死亡教育的推廣逐步扎根。它先是在大學通識教育課程內講授，再向下拓展至中小學生情意面的體驗性教學。西方死亡學和死亡教育的內容，相當偏重死亡相關課題，主要有三大項：死亡、臨終、哀慟，目的則是協助人們改善生活品質與確認生命意義。「死亡」課題探討人們的死亡概念、死亡態度和死亡反

應：「臨終」課題探討當事人自己、家屬以及社區的力量，如何協助當事人安度臨終過程；「哀慟」課題則探討悲傷、失落與依附的關係及因應之道。由於死亡學和死亡教育是在一九六〇年代，由心理學家、社會學家及精神科醫師所倡導，因此表現出豐富的科學面貌。這與華人社會所推廣的生死學與生死教育，主要呈現哲學和宗教的人文面貌大異其趣，但無疑具有相輔相成之效。

二、發展現況

　　西方死亡學屬於社會科學領域關注的知識，並且日漸受到醫療照護等健康科學領域的重視；另一方面，較死亡學更早出現的殯葬科學，也同樣扣緊健康科學和社會科學而發展。正如前面所提到的，「死亡」與「殯葬」乃是兩種不同層次的概念。前者泛指生命存活狀態的喪失，可以純就理論面加以探討；後者緊密關聯到人死後的遺體處理實務活動，如今更與相關行業脫不了關係。殯葬原本在各民族之中，都是親友為亡者料理後事的活動；唯有當西方社會步上工業化和都市化以後，人們可能隻身在外地而去世，因此才發展出為人善後的行業。至於殯葬演變成為一門科學，則直接跟防腐技術和遺體運送的結合有關。防腐技術需要用到化學原料，一旦有從事化學工作的人轉入殯葬行業，便為殯葬活動賦予了科學的面貌。

　　殯葬科學最早出現於美國純屬偶然，因為十九世紀中葉的美國，仍停留在農業社會，不若英國已步入工業國家。但

是此一時期美國卻爆發內戰，南北戰爭一打就是五年，許多年輕人命喪異地，待戰爭結束後為求落葉歸根，遂興起大規模運送遺體的活動。只是當時仍以馬車長途跋涉，不免曠日費時，屍體也容易腐敗，精密的防腐技術乃應運而生。事實上，現代護理學創始人南丁格爾（Florence Nightingale, 1820-1910）於同一時期，也在克里米亞戰場上照護傷患；但由於死傷在國外，難以運送回鄉，只好就地處置，所以並未發展出殯葬科學。然而戰地疾病流行，造成感染死亡的人數比戰死的人還多，南丁格爾便利用她的科學知識從事環境改善，果然立刻降低死亡人數。她當時的貢獻在於公共衛生方面，而公共衛生後來也成為殯葬科學的重要內容。

美國的防腐業者涉足殯葬活動，讓這門行業得到長足進步。一八八二年，第一所防腐學校在俄亥俄州辛辛那提市正式設立，成為殯葬科學教育的嚆矢，目前這所學校已於一九八六年發展成為頒授學士學位的四年制大學。美國現今大約有六十所大學及學院，開授類似臺灣四技二專的殯葬科系或學程，並且頒授學士或副學士學位。學生在這些學校修完規定的課程後，需通過全國性「殯葬服務教育委員會」所舉辦的檢定考試，方能在各州執業；而在校所修習的專業課程，也是經由該委員會統一規劃設計。美國殯葬專業課程共分為四大領域：**公共衛生、企業管理、社會科學、法律倫理**，學分要求為：前兩者各占三分之一，後兩者共占三分之一。由於企業管理和法律都屬於社會科學範疇，這些課程領域其實已涵蓋了殯葬科學的全部內容。

美國的殯葬科學主要牽涉硬體方面的遺體處理，以及軟體方面的經營管理；社會科學部分大多落在悲傷輔導上，至

於對法規和倫理的瞭解，則屬於專業人員的基本修養。由於殯葬科學與防腐技術淵源深厚，所以美國執業的「殯葬指導師」必須對遺體瞭若指掌，並且能夠獨當一面善加處理，這不像我們這兒的業者，主要從事禮儀服務。當殯葬科學的重心放在以防腐技術為主的公共衛生領域，專業人員養成教育中的自然科學課程，至少包括與死亡相關的化學、微生物學、解剖學、生理學、病理學等，並且將這些科學知識應用在防腐與遺體修補技術上。正是因為學生受過比較扎實的科學訓練，將來即使不當殯葬指導師，也可以擔任病理解剖助理，或從事器官移植和組織保存的技術性工作。在此意義下，殯葬科學一如護理科學，可視為屬於應用性自然科學的健康科學之一環。

　　長期以來，我一直主張殯葬專業應以護理專業為類比參考對象，並且追隨、效法之。由於從業人員絕大多數為女性，使得護理始終被質疑不夠專業，且不斷遭受污名化；但是經由過去半個多世紀的力圖精進，終於得以躋身專業之林。護理從行業走向專業的關鍵因素，是不斷發展科學知識，並且提出以「關懷」作為本身知識與專業實務核心價值，從而擺脫長期以來附屬於醫學的弱勢處境。殯葬人員雖非以女性為主，但是養成教育的水平不高，再加上從事鄰避行業，也難免會被污名化，改善之道同樣不外乎要從知識發展著手。就殯葬實務知識而言，美國看重遺體處理，大陸講究陵園設計，臺灣最好是朝殯葬管理方面多所發揮，如此方能一展所長。西方的殯葬科學傳到臺灣來轉化為殯葬學，不能光在禮儀民俗上打轉，而是通過經營管理觀念的傳授，把行業提升為專業，讓業者將職業發展成事業，以真正達到更

上層樓的理想。

三、本土轉化

　　一如前述，「本土」是指以中華文化為主調的華人社會，「在地」則反映中華文化落實在不同地區所發展出來的特色。因此「本土轉化」應屬「大處著眼」的華人生死學，至於更進一步在「小處著手」的臺灣殯葬學，則歸於觀念與價值轉化後的「在地實踐」。從西方死亡學轉化而成的華人生死學，偏重於哲學與宗教方面的人文知識，這便不同於由生物學家所創始的死亡學，「生死學」的概念是在一九九三年由旅美哲學學者傅偉勳（1933-1996）於臺灣首先倡議。事實上，他所提倡的乃是「現代生死學」，一開始與西方死亡學幾乎無異；但就在他去世前不久的時間裏，他構想出以中國哲學為內涵的「生命學」理念，以此與作為狹義生死學的死亡學結合，形成一套融合「生、愛、死」於一爐的廣義生死學，亦即「現代生死學」。

　　傅偉勳將「現代生死學」視為一種「心性體認本位」的思想，以道家、禪宗、宋明心學一系為代表，學界對此一構想均給予高度肯定。但是他在活著的最後三年裏，其實並未及充分建構出相關的知識系統。生死學問世後十年的二○○三年，我嘗試提出與「現代生死學」相輔相成的平行論述，亦即凸顯後現代意義的「華人生死學」。我視「華人生死學」為「情意體驗本位」的思想，以古典儒道二家的孔、孟、荀、楊、老、莊等六子為代表；尤其推崇荀子的批判精神與

莊子的生命實踐，並將其與當代西方存在主義、關懷倫理學等思潮加以融匯貫通，以呈現出「後科學、非宗教、安生死」的特質。我對「宗教信仰」所下的定義是：「宗教為團體活動，信仰屬個人抉擇。」民俗信仰在臺灣蔚為大宗，但未能形成嚴密的團體活動，因此不能視之為宗教信仰。其「非宗教」特質為我所強調，並將之貫徹於殯葬學的知識建構上。

　　宗教有「立宗設派，教化人民」的旨意，結合成團體可以產生「意志集中，力量集中」的效果；但是有團體就會形成權力宰制，這對帶兵打仗也許適合，但對個人靈修則不啻為一種斲喪。尤其任何宗教都會對「死後生命」有所許諾，此點在華人生死學看來不免捨本逐末。我主張活在當下，對死後生命的說法保持尊重的態度，但不寄與厚望。理由很簡單：「假如有來生，那便不是我；假如那是我，便不算來生。」人生是一條單行道、不歸路，而且因為有終點方能凝聚起意義和價值。對現世人生多所肯定，並且提出妥善安頓方法的中外思想，正是我剛才提到的古典儒家、古典道家、存在主義、關懷倫理學等。本土轉化下的華人生死學，主要即在提倡這種活在當下的「現世主義」生活態度。

　　本書在此引介華人的生死學理念，目的是為了建構臺灣的殯葬學。華人生死學適用於兩岸四地，臺灣殯葬學則純屬在地學問。大陸人口已超過十三億，占全球六十五億人口的五分之一，其中九成三為漢族，當中又有九成不信教，原因在於大陸實施社會主義，官方主張無神論。倘若有十億人不考慮宗教問題，再加上殯葬業幾乎全為公營，在此情況下從事殯葬活動，實與臺灣大異其趣。我們這兒教派林立，人們縱使沒有明顯宗教信仰，也可能在耳濡目染之餘，有意無意

採用宗教儀式辦理後事。此外臺灣的殯葬服務業多歸私營，連宗教團體也介入其中，競爭相當激烈，殯葬與宗教活動糾纏不清乃是常態。不過殯葬若要步上專業化，業者必須對宗教的性質具有完整且深刻的認識，生死學即對此有所啟發。

華人生死學採用「生物／心理／社會／倫理／靈性一體五面向人學模式」，來看待作為存在主體的個人；然後針對每一主體的生老病死存在歷程，提出「生死教育—生死輔導—生死關懷—生死管理」一系專業服務的可能。許多人很自然地會將生死學與哲學及宗教聯想在一起，我則建議大家多拿它跟教育學和管理學加以類比，以彰顯它具有可操作實務的特性。生死學如果光談理論或信仰，實與哲學或宗教無異，似乎也沒有本土轉化的必要。把西方的死亡學轉化為華人的生死學，屬於從科學走向人文的信念轉換；上述一系專業服務，雖然具有科學的面貌，卻必須融入人文的精神，方能真正在華人世界落實。「從人文看科學」是一種「以人為本、善用科學」的立場，殯葬學理當由此出發去逐步建構。

四、綜合討論

西方的死亡學和殯葬科學屬於科學學科自不待言，華人的生死學與臺灣的殯葬學走向人文學科也其來有自。生死學由哲學學者倡議推廣固然是其原因，連殯葬學的建構也在官方認定下偏重人文知識。平心而論，殯葬學的建構並不完全是為了學術性的目的，它更可說是為了推動殯葬改革而發展殯葬教育下的產物。二○○二年七月〈殯葬管理條例〉公布

施行，其中規定：「殯葬服務業具一定規模者，應置專任禮儀師，始得申請許可及營業。」這可視為臺灣殯葬改革的一大里程碑，主管機關內政部民政司，自此便積極推動「禮儀師」證照制度的早日實現。由於是「師」級專業人員的認證，至少應具備專科以上學歷，且似醫師、護理師等執業需通過由考選部主辦的國家考試。問題是，殯葬人員的培育，連任何正規教育和科系都沒有，遑論證書考試和取得執照。

　　禮儀師制度要步上正軌，除主導的內政部外，關鍵性的機構乃是考選部和教育部，但兩者的立場都傾向保守，以致兩年來幾乎都在原地踏步。因為考選部堅持必須先設立專業科系培育人才方能舉辦國家考試，而教育部卻接連否決掉一所國立科技大學和一所私立技術學院的設系申請，以致功敗垂成。二〇〇四年中以後，內政部決定改弦更張，暫時捨棄循序漸進式的證照制度，改以在職進修方式提升業者水平，間接落實證照方案。拜勞工委員會有心配合之賜，禮儀師制度的推動，終於在二〇〇五年四月露出曙光。新方案是由勞委會為業者舉辦「喪禮服務技術士」技能檢定，未來若具有專科以上學歷的業者，取得乙級以上技術士證，再修習二十學分殯葬專業課程，即可由內政部檢覈發給禮儀師證書。

　　技術士技能檢定較偏重術科方面的技能操作，因此要取得禮儀師證書者，必須修習二十學分專科以上程度的專業課程，這些課程至少應該體現出一套完整的殯葬學知識系統。由於我是內政部規劃禮儀師證照制度的九名學界代表之一，乃於會議上提出一份〈殯葬專業課程設計架構芻議〉，經與會產官學各界專家研商討論，獲得原則上通過。民政司長黃麗馨做成結論，並列入記錄載明：「本案禮儀師應修習之課

程科目及學分數，原則上依鈕則誠教授所提方式分類、規劃，並以二十學分為原則，其中有關『人文學領域——殯葬文化學』部分，至少占十學分。」由於我所規劃的殯葬專業課程，包括健康科學、社會科學以及人文學三大領域，而在內政部的會議上，人文學領域被認定必須占一半分量，由此可以肯定殯葬學在臺灣係歸於人文學科。

我所提出的建議，將殯葬專業課程分為三個層次的知識系統來設計，第一層知識即是「殯葬學」，其下第二層知識則分為「健康科學領域——殯葬衛生學」、「社會科學領域——殯葬管理學」、「人文學領域——殯葬文化學」，每一領域再細分出三種第三層知識的課題。這套課程架構正反映為本書寫作的架構，事實上，《殯葬學概論》一書便是為了因應未來具專科畢業以上資格的喪禮服務技術士，有心修習專業課程以檢覈禮儀師證書而撰寫。由於我們的殯葬專業人員，在法律上已明定稱為「禮儀師」，且法條也清楚規範其執行的業務是以禮儀服務為主，此與美國的「殯葬指導師」需要直接處理遺體，在工作性質上明顯有所差異。然而規劃中的禮儀師制度屬於技術士更上層樓，因此禮儀師多少也具備一定的實務技能操作能力，甚至包括遺體處理在內。果真如此，又與國外專業人員不相上下了。

雖說臺灣殯葬學的建構，是為了現行從業人員補強學理知能而設計，但我更希望在長遠發展上，它能夠成為一門扎實的知識性學科，於大專院校正規講授。基於特定的歷史社會文化因素，臺灣殯葬學偏重禮儀民俗方面的人文學問，而表現出不同於西方殯葬科學的形貌。但是依我之見，將來殯葬知識若要在大專院校設立科系，還是以管理取向為主較為

適當。管理科系不必然要歸於管理學院，一如現行的傳播管理、資訊管理、藝術管理等系所，可分別歸入傳播學院、資訊學院和藝術學院而設置，殯葬管理同樣可以列在人文學院旗幟下。為了讓學生有更開闊的視野和發展，我曾經主張以「生死管理學系」或「生命事業管理系」為名，強化管理學識，成立殯葬相關科系。前者也的確曾獲得通過設立，且於二○○一年短暫存在一年後而改名，卻也證明這條路是行得通的，值得大家再接再厲。

結　語

殯葬學的建構，一方面固然是為了實際需要，一方面也應該做長遠規劃，畢竟殯葬活動是人們生老病死不可或缺的環節。我常形容殯葬既是民生必需的行業，也是做功德的事業；尤其在現行生活形態和法律規範下，任何人的後事都不可避免地多少要接受從業人員的處理。倘若殯葬無法從行業提升為專業，業者無法將職業轉化為事業甚至志業，則絕非社會大眾之福。從最理想的觀點看，殯葬專業理當跟醫療及護理專業平起平坐，但事實上，它不但與醫療專業有天壤之別，甚至連護理專業都望塵莫及，如此實不免令人遺憾。臺灣近年在各級學校和社會上大力倡導「生命教育」，目的就是為了改善人們的生命與生活品質。正是為了落實此一理念，我乃嘗試通過華人生死學的視角，逐步建構臺灣殯葬學。

殯葬學概論

課後複習

一、臺灣的「殯葬學」背景知識，可以追溯到西方的「死亡學」上面去，死亡學發展至今已超過一百年，且與「老年學」由同一位科學家同時提出，卻遲至半個多世紀後才被正視，為什麼？

二、「殯葬科學」興起於美國，其歷史較死亡學還要久遠，至今已發展成有近六十所大學頒授學位以培育專業人才的盛況，且相當重視自身的科學屬性，請說明其原因。

三、「華人生死學」主要以「生物／心理／社會／倫理／靈性一體五面向人學模式」作為基本觀點，探討「生死教育—生死輔導—生死關懷—生死管理」一系專業實務，請略述其大要。

四、臺灣殯葬學與美國殯葬科學類似，也涉及健康科學、社會科學和人文學三種知識領域，但不偏向科學而側重人文，請根據在地文化的特性，對此加以反思與詮釋。

學以致用

　　我們這個時代和社會，長期以來一直瀰漫著「學以致用」的觀念，以至於大學熱門科系，都屬於實用方面的學問，例如醫學、法律、電機、資訊、傳播、外文等等。而我在三十多年前選擇進入的哲學系，則是一般人眼中最冷門的科系、最沒有用處的學問，註定要在聯考排行榜上吊車尾，敬陪末座。我執著於念哲學，也終於考取哲學系，記得當時父親只說了一句話：「你將來得靠自己了！」言下之意似乎質疑我能自力更生。剛開始的確連我自己都沒有把握。我一直念到哲學碩士才去當兵，退伍後找到的工作卻是在雜誌社當記者，而且是跑影視新聞，跟哲學一點都沾不上邊。演藝圈的風花雪月，在我看來直如鏡花水月，三年下來似乎一場空，唯一退路為回頭去讀博士學位，將來還有機會當老師。

　　拿到哲學博士時我已經三十五歲，好不容易找到一份專科學校專任教職，教女娃娃國文、公民和三民主義，學了十年的哲學仍然派不上用場。說到學以致用，過去我相信哲學可以幫我找到人生的意義和價值，這無疑是一種「大用」，但是書念得愈多心裏卻愈困惑。後來我靠鑽研哲學取得學位，得以謀生糊口，算得上是實際的用處，仍然覺得人生稍可安身卻未能立命。不久專科升格為學院，大學生需要選修一些通識課程，終於使得多年所學有機會拋頭露面。無奈枯燥無味的哲學不易勾起學生興趣，讓我覺得眼高手低、力不從心。正在青黃不接之際，一位身患癌症的哲學前輩在臺灣推出了生死學，大作成為暢銷書，談生論死一時蔚為流行。我見機會難得，立刻披掛上

陣，也開始在大學講堂上大言不慚地高談闊論，傳授起生死學來了。

　　教生死學至今已屆十年，孤燈之下捫心自忖不免汗顏：我活得既不精彩，又未曾大死一番，有什麼資格在後生晚輩之前暢言生死？若說學以致用，教生死學或可視爲我在減少和降低自身死亡焦慮的一種心理轉移與昇華。老實說，年歲愈大，生命的不確定感也就愈強烈；我不斷講授和書寫生死學，似乎是在進行某種自我治療，以化解我的顚倒夢想。如此看來，近年我從生死學走向殯葬學，多少意味著我對「後事」的執著。開始我也像一般社會大眾一樣，對殯葬業者抱持著刻板印象，認爲他們唯利是圖，很擔心自己入土不安。但是近年情況有了很大改善，而個人參與置身其中，竟然能夠使得上力，還眞有點學以致用的味道。不管是生死學還是殯葬學，身爲學者若眞的有所貢獻，大概死也可以瞑目了。

【本　論】

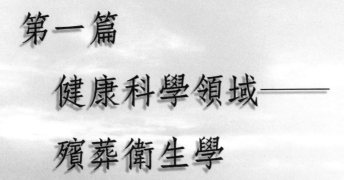

第一篇

　　健康科學領域——

　　殯葬衛生學

第二章
公共衛生——遺體處理

　　本章介紹與殯葬相關的公共衛生課題，主要討論遺體處理的各種「善後」之道。注重衛生條件至少可以協助人們保命延壽，殯葬人員處理的是迅速腐敗的遺體，在這方面尤其要格外重視。而在許多社會中，都有瞻仰遺容的需要，便形成遺體防腐及修補的技術。臺灣過去只做冷凍和美容，今後似乎應在防腐及修補技術上多予強化。放大來看，遺體外表的維護只是暫時性的，入殮後的殯葬措施方為長久的事情。此外，本章順著西方「新公共衛生」論述強化經濟考量的觀點，引介「死亡經濟」以鼓勵人們做好安養計畫，令上下兩代均無後顧之憂。同樣希望促成社會大眾無後顧之憂，我們還建議推行「環保自然葬」的理念與作法，這也是最符合公共衛生條件和環境保護意識的公益活動。

引　言

　　建構殯葬學的內涵，至少包括健康科學、社會科學以及人文學三個知識領域；其中屬於應用性自然科學的健康科學領域，以發展殯葬衛生學為主，這又牽涉到三項有關衛生的課題——公共衛生、衛生保健、心理衛生。在英文中，「衛生」與「健康」的意思相通，講究衛生也有促進健康的作用在內，而「衛生教育」也就是「健康教育」。美國學者在一九七〇年代初期，即主張將死亡教育納入健康教育中講授；而臺灣最早撰文提倡死亡教育理念的，則是衛生教育學者黃松元，時間為一九七九年，較生死學的出現早了十四年。衛生議題與死亡關係密切；衛生不良容易導致死亡，死亡也可能是健康衰退的結果。由於美國「殯葬服務教育委員會」所規劃的課程領域，首先即是「公共衛生相關學術」，且占所修學分的六成，因此本書在建構殯葬衛生學時，就先從公共衛生講起。

一、背景知識

　　公共衛生理念的推動，源自人們對衛生條件的重視，這又直接關係到世人對於生與死的態度和作法。早在十七世紀初期，英國哲學家培根（Francis Bacon, 1561-1626）即提倡科學的實驗方法。科學實驗注重觀察和記錄，當時英國人便

開始從事人口統計，包括出生與死亡登記在內。其後當大規模瘟疫流行，死亡人數大增，為了瞭解其中因果關係，乃促使流行病學應運而生。但是流行病學要得到長足發展進步，還是要等到細菌學、微生物學以及免疫學等知識有所突破，這已經是十九世紀後期的事情。在此之前，南丁格爾大力提倡生活中衛生條件的改善，也有效地降低了疾病傳染致死。一九二〇年，美國耶魯大學公共衛生學教授溫士羅（C. E. A. Winslow）將公共衛生學定義為「**預防疾病、延長壽命、促進身心健康和功效的科學與技藝**」，這項定義至今仍然適用。

　　公共衛生與臨床醫療照護相輔相成，因此有時被視為預防醫學，但是它的範圍實際上大得多，像醫療機構管理、健康保險等都包含在內。本書主要為建構殯葬學而引介公共衛生的理念，因此將扣緊與生死直接相關的公共衛生議題討論，例如傳染病、流行病、生命統計等。流行病不見得是傳染病，像癌症、糖尿病、高血壓都列入國人十大死因，卻非傳染所致；而傳染病就像SARS即是一種，當SARS一旦傳染開來，是高度致命的。傳染病和流行病患者死亡後，就需要接受殯葬服務，業者有必要對疾病多所瞭解。尤其當SARS流行時，殯葬業者和醫護人員一起站在第一線，同樣有人感染致死；光是這一點，就足以讓殯葬教育跟衛生教育交流對話了。但是往深一層看，殯葬活動本身也有改善衛生、促進健康的意義在內。

　　在SARS流行期間，病人一旦染SARS去世，就得立即火化，連家屬都不能見其最後一面。不過在一般情況下，殯葬活動最重要的一環，可說就是瞻仰遺容。為了讓家屬親友見

到亡者最後一面，殯葬人員必須儘量做好遺體處理，讓亡者以最安祥的面容迎向親友。不過遺體有時會傳染疾病，應確保安全無虞；有時因意外而殘缺不全，需加以修補以示人。至於防腐技術的發展，更是為了保存遺體的實際需要。臺灣過去只知冷凍保存，不太在乎防腐；近年受到西方和日本影響，也加強了這方面的接觸和學習。仔細考察美國殯葬教育中的「公共衛生相關學術」，除了化學、生物學等方面的自然科學基礎知識外，幾乎就是指防腐和遺體修補的技能知識。有些學校光是這兩種課程，就占了「公共衛生相關學術」的四成甚至一半，可見殯葬科學中所指的公共衛生，其實主要即是遺體處理。

根據定義，公共衛生是為了「預防疾病、延長壽命、促進身心健康和功效」，這一切都指向活著的人。而當殯葬人員在從事遺體處理時，其中的公共衛生意義就必須加以引申擴充。我一向強調，殯葬人員處理的是遺體，面對的卻是活人，這也是為什麼接下去兩章要介紹臨終關懷和悲傷輔導的原因。遺體處理的原則是：在衛生條件安全無虞的情況下，讓遺體盡可能得以保存或修補，以提供親友瞻仰和緬懷。這是相當人性的作法，也唯有抱持著「視死如生」的莊嚴尊重態度，方能有效落實。亡者以一副安祥的遺容辭別在世親友，正式為人生劃下完美的句點，對生者而言，無疑可以「促進身心健康和功效」；而遺體的妥善處理，一方面避免疾病滋生蔓延，一方面更可以讓亡者在世人心目中長存，這似乎又意味著生命的不朽。

將公共衛生的意涵加以擴充，已經在西方世界開展出一套「新公共衛生」；它不只當名詞用，更表現為形容詞。倘

若現行的公共衛生在十九世紀的現代方趨於成熟，則新公共衛生便是二十世紀末的後現代產物。簡單來說，新觀點是在前述定義之外，再納入經濟和管理等方面的因素考量，因此推行公共衛生必須全民統統動起來，靠著政府與非政府組織的力量，共同維繫衛生條件於不墜。過去公共衛生一直是由政府在主導，如今則加上民間非營利組織的參與。我一向認為學校、醫院、殯葬機構均屬民生必需，因此多少應該包含一些非營利事業的理想在內。非營利的理想使得公共衛生和環境保護有機會產生對話。公共衛生早已包括環境衛生在內，環境衛生原本關注於環境和職業疾病，今後似乎可以添上環境保護課題，例如「環保自然葬」。

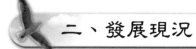

二、發展現況

　　殯葬衛生學在公共衛生方面的建構，以遺體處理為主。在整個殯葬活動中，遺體處理被歸於「入殮」的一環。嚴格來說，「殯葬」只是泛指和通稱，一般包括殮、殯、葬三階段，亦即將遺體妥善處理後放入棺木中，在靈堂進行告別儀式，最後入土或火化入塔。近年生前契約逐漸流行，業者有機會跟當事人在生前結緣，並且在料理完後事後，繼續售後服務，因此在「殮、殯、葬」的序列前後，分別加上「緣」與「續」兩者，以示善盡人事。既然遺體處理屬於入殮前的準備工作，理當慎重其事，因為遺體一旦送進棺木，就不能再隨意改變了。遺體處理大致包括遺體清洗、遺體防腐、遺體修補及遺體美容等過程，最後則進行穿衣與入殮。其基本

原則乃是「視死如生」,亦即對待死者如同生者,就像醫護人員照顧病患一樣善體人意、無微不至。

正常死亡在遺體處理的前後,其實多半還有一段接送過程。如果是在自家以外地方去世,就要勞駕業者負責「接體」。如今臺灣每年死亡人數多達十三萬,其中八萬左右在家中辦喪事,其餘五萬人則到各地殯儀館或宗教場所舉行告別式。由於喪事是在不同場所進行,遺體處理也必須配合。大凡屬於都會區的人家,由於地狹人稠,不宜在住宅內外料理後事,何況〈殯葬管理條例〉更列有專章規範「殯葬行為之管理」。但是臺灣的殯葬業在城市裏興起,也不過是近三、四十年間經濟起飛以後的事情;過去長期以來,殯葬都是農村人民互惠的活動,根本談不上有組織、有系統地經營。因此,在遺體處理方面相當缺乏適當人才,更不用提進一步的專業化。現行人員大多靠師徒傳授或自行摸索,經驗累積是嚴重問題,有待通過公開的及正式的殯葬教育承先啟後、繼往開來。

臺灣過去不看重遺體防腐,近年始有人到日本、大陸等地學習相關技術。其實防腐具有防疫的實用功能,不是一般性的冷凍可以取代。畢竟人死後,遺體會立即發生變化,首先是「屍冷」,因為身體停止運作,所以會由外而內,在一天之中自體溫降低至室溫;其次將出現「屍斑」,這是血液停止循環後,受重力影響向下沉積的結果,在受力處呈現大片暗紫紅色的斑痕,大約兩、三小時即很明顯;此外還會見到暫時性的「屍僵」,屍體通常在死後一小時開始僵硬,至五、六小時完成,一兩天後又趨於緩解。有人認為冷凍屬於物理性防腐,注射藥物則為化學性防腐,但是將遺體冷凍,

仍然只算是權宜之計。臺灣各地殯儀館冷凍遺體多以兩週為限，必須在期限內取出解凍，進行殮、殯、葬等過程，否則加倍收費。而外國則見以藥物防腐長期保存，供後人瞻仰遺容的作法，可見兩者不能同日而語。

遺體防腐是為了處理遺體立即腐敗的問題，但這僅算整個遺體處理流程的第一步，後續的殮、殯、葬才是重頭戲。為了讓親友能夠瞻仰遺容、緬懷先人，至少必須把遺體的容顏妝點得一片祥和。有的人死得安穩，只要加以美容即可；有的人死得痛苦，甚至因外傷破相，就需要進行遺體修補。一般作法是修補門面，但是有些重度破損的遺體，在家屬要求下，也可以儘量還其全屍，亦即將截斷的肢體重新縫合。修補面容的情況有幾種，最常見的是死不瞑目或口不閉合，若能用按摩改善最佳，否則採用膠合或縫合；其次是腫瘤傷口，可予縫合或取其他部位皮膚接補，並以化妝術掩暇。最不利的情況是顏面殘缺不全，但目前已能根據亡者相片，在電腦上進行數位化處理，然後設計出立體的泥塑或石膏造型，置於缺漏部位，再用化妝補正。

臺灣不看重遺體防腐，卻相當流行遺體美容。人死也要打扮得和顏悅色，並且穿戴整齊，莊嚴地離開人世，這是家屬能為亡者做得到最起碼的事情。遺體在進行化妝美容時，先要清洗乾淨並且消毒，再依下列程序從事顏面美容：塗底色、修眉毛、修眼睛、修睫毛、修面頰、修鼻子、修嘴唇、修髮型，最後再做全面調整修補，務求盡善盡美。以上是指正常死亡的遺體，至於非正常死亡的遺體，倘若已經支離破碎，形成屍塊，只能夠利用DNA檢驗加以拼湊，也就無須修補。而最讓處理人員傷腦筋的，當屬大幅變形的浮屍。浮

屍雖然可能身軀完整，卻難免腫脹腐爛，此時化妝師需要依相片盡可能恢復原貌。這是對專家手藝的一大考驗，但也反映出殯葬人員也必須具備像醫護人員一樣的仁心仁術，方能在此行業中安身立命。

三、本土轉化

　　臺灣殯葬學的學理基礎在於華人生死學，華人生死學以「生物／心理／社會／倫理／靈性一體五面向人學模式」來看待生老病死，當然也包括殯葬活動在內。如今當我們在建構殯葬學之際，雖然主要著眼於在地現況，但也不忘從西方論點中擷取精華，為己所用；尤其是西方的科學觀點，有時具有相當的洞見，不能對之不聞不問。本書寫作的一貫原則，乃是秉持「中體外用」、「從人文看科學」的本土化觀點。中華文化的精神為人文，外來思想的特色在科學；以中華文化為主體，外來思想為應用；立足人文而善用科學，才不致迷失方向。因此，在建構殯葬衛生學而必須反思來自西方的公共衛生議題時，我們同時也在考慮如何進行本土轉化和推陳出新。由於近年在西方發展的「新公共衛生」，已經從醫療觀點擴充至經濟觀點，以衡量執行面的經濟效益。本書即依此引介經本土學者提倡，而適用於在地的「死亡經濟」。

　　倡議「死亡經濟」以及由此衍生出「計劃死亡」理念的本土學者，為大陸經濟學者陶在樸。由於他曾在南華管理學院生死學研究所任教三年，從而撰寫《理論生死學》專書；

其中〈死亡經濟〉一章，即係針對臺灣在地殯葬業發展所做的經濟分析。陶在樸原本爲工程科學學者，後來轉入社會科學領域，從事華人社會經濟活動的數理模式建構與分析研究。當他踏進主要屬於人文研究的生死學園地，可說帶來相當程度的振聾啓瞶效果。簡單地說，他的「死亡經濟」分析和「計劃死亡」理念，正是適用於臺灣地區少子化與高齡化現象的因應之道。華人社會雖然已經轉型爲核心家庭制度，但是基於孝道，仍有爲上一代安養送終的義務，此時教養下一代的義務也同樣在進行。由於收入固定，贍養前代和培育後代的支出關係，便表現爲經濟學上的「替代」，從而影響及料理後事的經濟考量。

陶在樸的創意在於：仿效「計劃生育」的作法，從而提倡「計劃死亡」概念。計劃生育的構想源自一九六〇年代，聯合國爲抑制全球人口快速成長，而在開發中國家全面推動「家庭計畫」。臺灣一度對此做得相當普及，從而達成人口控制的目的。但是「十年河東，十年河西」，過去提倡節育，如今又要鼓勵生育，而這一切都屬於「計劃生育」的具體作法。生小孩代表家庭和國家的一線希望，人們多半會加以注意，即使不生也有一定的理由。相形之下，對後事加以規劃的觀念，由於多所忌諱，也就少有人願意深思之。但是倘若把「計劃死亡」納入老人退休後的「安養計畫」，倒不失爲一項良法美意。由於生老病死是大多數人一生必經途徑，死亡經常伴隨老病纏身之後悄然而至。與其亡羊補牢，不如未雨綢繆，計劃死亡的確有其必要。

必須說明的是，計劃死亡乃是爲身後之事進行經濟方面的考量，雖然也包括部分醫療決策在內，但並非純屬道德抉

擇。舉例來說，有些重病或末期的老人，接受安寧療護並購買生前契約，或許較多花錢做積極治療更有經濟效益，當然這也同時包含人道和人性因素在內。事實上，源自西方的經濟學，原本即從倫理學當中應運而生。被世人視為「經濟學之父」的亞當·史斯密（Adam Smith, 1723-1790），當時正是蘇格蘭的道德哲學教授，他把哲學中的「價值」概念，引入人們的經濟生活中，後人則將之轉換為「營利」活動的「價格」衡量。如今邁入二十一世紀，後資本主義下的後現代社會，雖然仍舊必須考慮量入為出，但是已經將「非營利」的理念和理想，引進醫療照護和公共衛生活動中。殯葬衛生學在遺體處理方面的探討，除了防腐美容等課題外，死亡經濟同樣也值得重視。

　　由於「死亡經濟」分析所引申出來的「計劃死亡」理念，對許多人而言，似乎都屬於不願觸碰的敏感議題，若是直截了當向人們推廣，恐怕會事倍功半。較佳作法是將它納入老人的「安養計畫」中加以落實，或能收到順水推舟之效。以美國社會的情況為例，個人自主的風氣普及，使得老人選擇在養老院安度餘年，有些養老院成員便組織起一種稱為「紀念會社」的小團體，以團體的力量向殯葬業者交涉料理後事的細節，並爭取共同的福利。其作法有點像臺灣民間的互助會，大家按月繳費，誰有需要就享受權利，彼此互惠，人人都無後顧之憂。臺灣正有愈來愈多的銀髮族住進老人院，加上購買生前契約也逐漸流行，把這些退休後的晚年需求放在一道預做安排，正是很理想的安養計畫，值得大家認真考慮，並且推己及人，讓死亡成為平靜祥和的人生終點。

四、綜合討論

　　「衛生」與「健康」二詞經常被人們互換使用，如果要加以區分，則前者多指外部條件，例如公共衛生、環境衛生等；後者反映內部狀態，例如身體健康、國民健康等。如此說來，後面要介紹的心理衛生，其實談的正是心理健康。然而無論如何，真正的重點乃是：常保衛生，始能擁有健康。在本章末節，我們打算介紹一種保持環境衛生、促進身心健康的在地化殯葬理念，那便是「環保自然葬」。顧名思義，環保自然葬是將遺體採用「回歸自然」的方法加以善後，以達到「慎終追遠」和「環境保護」的雙重目的。奈何在臺灣的殯葬活動中，時間和空間永遠是最難以克服的問題。時間指良辰吉時，屬於殯儀方面的考量；空間指風水寶地，屬於墓葬方面的考量，一旦在這兩方面產生重大突破，就將是殯葬改革開花結果的一天。

　　公共衛生緊密關聯於環境保護，聯合國「世界衛生組織」下設「衛生與環境委員會」，曾於一九九二年發表一份名為〈我們的地球，我們的健康〉的報告，針對跨世紀的全球環境挑戰，列舉出十四項重大議題：1.人口成長；2.經濟成長；3.食物生產與分配；4.能量與資源耗損；5.土壤侵蝕與荒蕪；6.森林砍伐；7.水源短缺；8.空氣污染；9.化學品與毒物棄置；10.戰爭、核武威脅、恐怖主義及軍備競賽；11.臭氧層破壞；12.全球暖化；13.國內性的社會與政經差距；14.工業與非工業國家的差距等。而《天下》雜誌也在一九九六

年經過調查後，列舉出臺灣七大環境危機：1.垃圾增量；2.地層下陷；3.濫墾濫植；4.河土流失；5.污水排放；6.農藥過量；7.重金屬污染等。這些情況都顯示出，人們正在自己所居住的環境中遭受傷害，卻無路可退，只有回頭尋求突破改善一途。

「此念是煩惱，轉念即是菩提」，改善之道常繫於我們一念之間。臺灣平地面積僅占全島十分之一，可謂寸土寸金；而人口密度之高，亦在世界上名列前茅。於此情況下，過去老百姓講究土葬，造成死人與活人爭地的窘境；如今雖然因為提倡火葬而有所改善，但又造成寶塔林立的特殊景觀。無論是墓園墳地還是納骨堂塔，都屬於人工化的殯葬設施。由於這些建築物被列為鄰避設施，不宜接近人們居住處所，只好落腳在偏遠人少的地區，但如此一來又破壞了自然景觀。「環保自然葬」的理念，即是「人來自自然，亦回歸自然，應儘量避免破壞自然」。有一位直轄市的民政首長曾經表示，希望把整片墓碑變成成排樹木，把所有墓園變為森林公園，這或許就是環保自然葬的最終理想。

在臺灣推行環保自然葬不遺餘力的社會學者黃有志，主張從「關懷人文」的立場著手，以達到「順應自然」的目的，其重要建議即是以提倡「環境風水」來取代「民俗風水」。風水之說為華人世界流傳久遠的全民習俗，連帝王之家也不例外。平心而論，生活中考慮風水條件，如果能夠達到空氣和水流暢通的效果，倒也不失為公共衛生的落實。而風水理念其實正反映出，華人相信「天人合一」的觀念。天人合一屬於人文思想，我們若能秉持關懷人文的精神，去開創一套更符合環保意識的風水觀，或許較能為社會大眾所接

受。黃有志倡議以環境風水取代民俗風水的具體作法，即是要求大家在「一念之間」有所轉化：以「國家風水、總體風水、公益風水」，來代替「家族風水、個人風水、私利風水」。這是很好的教育課題，有待大家不斷推廣普及。

　　近年來，環保自然葬的理念與作法，在政府和民間中已經得到一些認同及實踐。事實上，依〈殯葬管理條例〉第二十五條所指來看，遺體無論是入土還是入塔，均有一定使用年限，到頭來都必須「**依規定之骨灰拋灑、植存或其他方式處理**」；換言之，土葬或塔葬皆為暫時性作法，最後還是以返回自然的拋灑葬或樹葬為歸宿。「拋灑葬」和「樹葬」即是環保自然葬的代表，其中為許多人所嚮往將骨灰灑入大海中的「海葬」，便屬於拋灑葬的一種。多年前高雄市就已經在推廣海葬，但或許是當時風氣未開，使用的人不多。近年臺北市大力提倡，已有不少人樂於嘗試，無奈碰到沒有出海口的窘境，必須借道於人，只好低調辦理。倒是樹葬在臺北市辦得風風光光，似可作為其他各地的參考借鏡。

結　語

　　本章在建構臺灣殯葬學的殯葬衛生學部分，雖然站在健康科學領域中討論問題，但是也適當地融入中華文化的人文精神加以反思。西方殯葬科學十分看重公共衛生相關學術，尤其著重於遺體防腐和修補技術，這方面課程，幾乎占去整個殯葬教育內容的四成到一半，有些學校甚至高達六成。但是反觀臺灣，現行為業者所提供的非正式教育訓練課程，有

關公共衛生的科目幾乎不存在，倒是禮儀民俗課程洋洋灑灑、不勝枚舉。此種東西方的差異，反映出教育上的過與不及，有待從長計議、重新規劃。本章將公共衛生的意義加以擴充引申，把經濟分析和環境保護議題納入討論，視爲本土與在地就遺體處理所做推陳出新的努力。遺體處理的眞義在於「視死如生」，因此業者必須心懷仁愛，爲亡者遺體妥當善後，讓整個社會均「無後顧之憂」。

 課後複習

一、公共衛生被界定爲「預防疾病、延長壽命、促進身心健康和功效」的活動，是政府機構和非營利組織大力提倡的全民運動。你認爲殯葬業對此有何可能貢獻？

二、西方的殯葬科學是由防腐技術發展提升而來，臺灣則一向將遺體加以冷凍處理，並視冷凍爲物理性防腐方法，但這與化學性防腐技術實不可同日而語。請對此加以評論。

三、由「死亡經濟」分析所導出的「計劃死亡」理念，與「計劃生育」有類比的意義，而推動「安養計畫」也可以跟從事「家庭計畫」對照著看。請問殯葬業在其中可以扮演何種角色？

四、臺灣的社會大眾普遍執著於時間、空間和數字，亦即相

信時辰、方位和明牌，前兩者對殯葬活動影響尤其大。

請問如何在這種風氣中，有系統地推展環保自然葬？

視死如生

　　我對死亡和殯葬相關事物的接觸，是在一個很特別的時空條件下發生的。大約是小學高年級到初中階段，我家搬到臺北市臥龍街一幢三層樓小公寓上面，開門見山，而且清清楚楚看見一塊石碑，刻著「臺北市第七公墓」幾個大字。石碑旁邊散布著幾座碑房，工人從早到晚在刻墓碑，每天當我聽到對面一開工，就知道該起床上學了。夏日夜晚看見螢火蟲到處飛舞，但也可能是鬼火粼粼。最熱鬧的日子還是清明時節，車水馬龍盛況空前，保證在其他地方見不著。平日此地人車少有經過，只見業者不時在路上鋪起幾張草蓆，將人體骨骸清洗後擺在陽光下曝曬，再小心翼翼放進大型骨灰罐收存另葬。後來我才知道這就是所謂的「撿骨」，人骨由棺中取出另行處理安放，之前我還以為空空的墓穴是遭人盜竊呢！

　　這便是我在四十年前所接受的「生命教育」，墓地和枯骨幾乎是我每日所見所及，倒也相安無事。近年拜推動生命教育之賜，使我有機會擔任臺北市殯葬評鑑委員，幾番走訪舊居附近，發現老公寓猶在，而當地已蔚為一片熱鬧的殯葬業專區了。生命教育教導人們愛生惜福，而其中談生論死的部分，更希望大家都能夠了生脫死。我聽說西方國家有關這方面的活動稱作「死亡教育」，直指死亡，一點也不避諱。墳墓、棺材和骨骸固然代表死亡，但真正的遺體或許更接近實況。偏偏我們的社會將任何遺體均予高度隔離，以至難以得見，更不用說作為生命教育的材料了。直到去年臺灣舉辦「人體奧秘展」，幾十具塑化的真人遺體放在展覽館公開展示，引來觀眾大排長龍

購票入場，裏面還有鋼琴演奏助興，不脅爲一場成功的商展。

　　人體當作標本公開展示，讓人品頭論足，到底是教育還是買賣，我也說不上來。倒是有一回，跟隨自己所教的護理學生去上大體解剖課，看見解說的助教稱呼捐贈大體的人爲老師，我才算稍微瞭解「視死如生」的眞義。我很欣賞安寧療護資深教授趙可式講過的一段故事，她說在成大護理系任教時，有天學校發生女子墜樓事件，亡者死不瞑目，彷彿有無限委屈。趙老師得知情況，便帶著兩名護生去進行遺體護理。她們在等待相驗人員到達前，坐在遺體旁邊輕聲細語地加以安慰，過了一陣子，只見女孩閉上眼睛，面部也露出安祥表情，才算告一段落。我有一位出身護理，後來從事遺體美容工作的碩士生，也是用這種善體人意的方式爲亡者服務。在我看來，殯葬人員可以跟護理人員學習效法的地方很多，「視死如生」或許是其中最重要的態度。

第三章
衛生保健——臨終關懷

　　「臨終關懷」原本是指對臨終者所做的人道關懷，如今則已發展為衛生保健體制中的一項專業服務，即是「安寧與緩和療護」。在臺灣主要針對癌末病患所進行的安寧與緩和療護，分為「安寧照顧」與「緩和醫療」兩方面搭配實施，形成兼具醫療與照護的臨終關懷，與過去醫師不是治療到底就是放棄治療的兩極態度有所不同。由於安寧與緩和療護強調當事人中心的「四全」或「五全」照顧，得以在服務團隊中納入不同的專業人員，未來有可能包括禮儀師在內。當前殯葬人員雖無法從事「專業性臨終關懷」，但是因為通過生前契約而與當事人結緣，有機會從事廣義的「服務性臨終關懷」。由於臨終者對家人和信仰有所期待，殯葬人員若能就此著力開發，或能形成具有本身風格的人道關懷模式。

引　言

　　從傳統殯葬業的角度看，臨終關懷無疑事不關己；業者在當事人去世後，被請去處理遺體，同時跟家屬洽談殯葬事宜。面對傷心的家屬，有可能從事情緒安撫，但是事先進行臨終關懷的機會也許不大；再說很少有病家願意讓殯葬業者跟臨終病人接觸，倒是宗教人員經常站在第一線為患者送終。不過目前情況多少已有所改變，隨著生前契約的推廣流行，殯葬業者的確有機會跟當事人在生前結緣，提供貼心的服務，讓臨終者放心地把後事交給具有專業素養的服務人員去料理。臨終關懷和生前契約在二○○二年公布施行的〈殯葬管理條例〉中均有提及，前者為禮儀師執行的業務之一，後者則被正式稱作「生前殯葬服務契約」，並明示是當事人生前約定的契約。雖然該契約可以轉讓他人使用，但終究為使用者生前所約定，否則就不算生前契約了。

一、背景知識

　　「臨終關懷」有廣義與狹義兩種意思，廣義泛指一切對臨終者的關懷照顧活動，誰都可以從事；狹義則指醫療照護活動中的一門專業，需領有專業證照者始能施行，正式稱作「安寧緩和醫療」，一般通稱「安寧與緩和療護」，簡稱「安寧療護」。殯葬人員不是醫護人員，即使法律規定可以執行

臨終關懷業務，也是依廣義而論。由於狹義的臨終關懷另有法律明確規範，亦即見於〈安寧緩和醫療條例〉內，因此本章將以「臨終關懷」代表廣義作法，而以「安寧療護」表示相關專業服務。不過本書寫作的目的，乃是作爲殯葬教育的基本教材，使殯葬由傳統行業轉型爲現代專業。待未來時機成熟後，希望殯葬也能開發出屬於自己的臨終關懷專業職能。在這之前，我們還是先從西方世界如何發展安寧療護的專業談起。

「安寧療護」是一個外來名辭的漢譯，它傳入臺灣後，最早的流行說法叫作「安寧照顧」，時間大約在一九九○年代初期傳入；後來醫師出身的張博雅擔任衛生署長，認爲其中不止有照顧，而且還包含醫療成分在內，因而建議改成「安寧療護」；到二○○○年正式立法通過，只不過更偏向醫療，而稱爲「安寧緩和醫療」。如此卻又引來護理界的爭議，乃出現「安寧與緩和療護」的複合辭。平心而論，由「安寧照顧」與「緩和醫療」所組成的複合辭，的確可以比較明確反映出它的多元內涵。相形之下，大陸方面對此從開始就採取「臨終關懷」的譯名，而且始終如一；還有香港所用的「善終服務」稱法，似乎都看不出它在專業上的發展進步情形。事實上，狹義臨終關懷的重心，從安寧照顧轉向緩和醫療，世界衛生組織在其中扮演了關鍵性的角色。

安寧療護形成爲一門醫護專業，要歸功於「現代安寧運動」，其中最重要的里程碑爲英國醫師桑德絲（Cicely Saunders, 1918-2005）在一九六七年創立「聖克里斯多福安寧院」，以開啓一種針對臨終病人的嶄新照顧模式。必須強調的是，至少在一開始，安寧院屬於完全在醫院之外設置的

機構；此一機構的出現象徵著擺脫醫療體系宰制的革命性作
法。只可惜這種作法在實施公醫制的英國行得通，傳到美國
卻因醫療保險給付與否的問題，而被原有體制重新收編。如
今我們依「一體五面向人學模式」可以這樣看：六〇年代至
八〇年代的「安寧照顧」，繼承了西方千百年來教會照顧出
外旅人的人道精神，偏重於「心理／社會／倫理／靈性」諸
面向的關照；而發端於八〇年代後期的「緩和醫療」，則著
眼於病人疼痛緩解的「生物／心理」面向之改善。

　　「現代安寧運動」的興起，與癌末病人遭受痛苦折磨的
不堪處境有關。原來擔任護士的桑德絲，在一九四八年因為
照顧一名年輕癌末病患，眼見醫療措施無能為力，乃發心改
革創新。在人微言輕的情況下，她立志從頭習醫，終於在十
九年後，創立了世界上第一所現代化安寧院，以接納被醫院
放棄及遺忘的臨終病人。既然是臨終病人，表示病入膏肓，
無藥可救；但畢竟人還活著，因此如何使之減少痛苦，尊嚴
離世，就成了安寧照顧的重要任務。然而疼痛屬於身心感
受，並非人道照顧可以盡其全功，最後還是要靠醫療行為的
介入。「緩和醫療」顧名思義即指，緩解病患疼痛但不做積
極根治的醫療措施。由於醫藥界已經發明出具有充分止痛療
效的藥物，予病人身心相當程度的安頓；光是這一點，便使
得「緩和醫療」的觀點後來居上。

　　不過以緩和醫療為主力的專業性臨終關懷，畢竟只及於
癌症、愛滋病等重症末期病人；他們雖然占了臨終病人較高
比例，但並非全部。而殯葬人員既無法從事專業性臨終關
懷，其所服務的對象更包括所有去世的人，並非只針對癌末
病人，所以更適於投入人道服務的臨終關懷。當然非醫護及

相關專業人員，也可以通過擔任志工的方式，成為專業臨終關懷或安寧療護團隊的一員；但是我們仍然建議殯葬人員放寬視野，將服務性臨終關懷納入本身責無旁貸的神聖任務。當然這也不是單方面努力能夠看出成效的，何況殯葬人員的形象倘若未能明顯改善，仍舊未能普遍為病人和家屬所接受。如何讓殯葬人員憑藉著禮儀師的專業身分與形象，像醫師和護理師一樣，面對病人進行臨終關懷，正是殯葬教育希望達成的長遠理想。

二、發展現況

專業性臨終關懷可視為整個服務性臨終關懷的一環，亦即狹義活動包含於廣義之內。殯葬人員雖然有機會從事廣義的服務性活動，但若能得到專業人員的認同與支持，將更能事半功倍。西方的安寧療護講究「四全」或「五全」照護，亦即「全人、全家、全隊、全程」一系照護；若是採用居家療護模式，則可能動員社區力量，乃再加上「全區」照護。但無論四全還是五全照護，核心的部分還是臨終者；不是指他的病，而是關注於他整個人。這也是安寧療護在整個衛生保健體制中，最引起爭議的觀點。本章在建構殯葬衛生學之際，把臨終關懷列為衛生保健的一環，大致並不算錯，但也不完全對。因為衛生保健希望將病人治癒，以繼續活命；然而臨終病人皆行將「不治」，只能善盡人事多予關懷。這對以關懷為職志的護理人員而言不構成問題，卻非專科醫師所樂見。

醫師以救人為天職，不到病人斷氣的一刻絕不輕言放棄，偏偏當前醫學發達的成效仍然有限，結果便有可能造成讓病人求生不得、求死不能的苟延殘喘窘境。醫師不是神，但看在病人和家屬眼中，卻像類似的命運主宰者；當醫師不願放棄治療希望時，病家一方通常也會從善如流。問題是如此一來，可能讓病人多受許多不必要的折磨。在這種情況下，生命品質的維繫，其實和生命計量的延長同樣重要；讓病人痛苦地多存活兩三天，倒不如令其有尊嚴地自然離世，後者正是安寧療護的真諦。只是醫學的進展，不時為人們帶來一線希望，究竟如何拿捏「盡人事，聽天命」的生死抉擇，就看當事人、家屬以及醫護人員的智慧了。安寧療護在此意義下並非「認命」，而是「知命」；知道生命的有限性，從而善加利用。

人什麼時候會死？這是誰也說不上來的事情。有些醫師對癌末患者的病情具有豐富的經驗，較能說出「預後」。其餘各種慢性疾病、罕見疾病，雖終不免一死，卻可能有相當一段時間的延宕。不過往長遠看，人終不免一死，幾乎所有人都希望「無疾而終，壽終正寢」，但是多半事與願違，因此我們建議大家退一步想，「居安思危，未雨綢繆」，以免亡羊補牢之憾。像前章提到的「計劃死亡」理念，如果能夠跟「安養計畫」連在一起構思，相信更能為社會大眾所接受。而人既免不了一死，總有一段臨終的過程，大約是三個月至半年，此時期由家人親友陪伴走完人生最後一段旅程，正是名符其實的臨終關懷。倘若當事人事先已做好妥善的安養規劃，必然包括後事料理在內，這便使得禮儀師的專業職能在當事人臨終之際得以發揮。

　　癌症在許多國家和地區都高居死亡原因第一位，於臺灣約占每年死亡人數四分之一。由於癌末病人在臨終時會面臨強烈痛苦，因此緩和醫療主要針對癌末患者而發。像臺灣大力推動相關專業服務的「安寧照顧基金會」，即明白標幟服務對象為癌症末期臨終病人。由於許多臨終關懷的研究，皆取材自癌末病患的處境，對我們不無啟發；但是大家必須隨時記得，臨終關懷的對象，並不只限於癌末患者。其實扣除自殺和意外喪生者之外，還有許許多多生命即將走到終點的人，等待著別人提供關心與照顧。根據一群醫護學者的研究發現，癌末病人的希望與力量，有三分之一源自家人，近四分之一得於信仰，但也有近四分之一的人趨於消極與幻滅。臨終關懷最起碼的努力，即是化解病人的負向思想，進而培養平靜的心情以迎接死亡。

　　「關懷」通常有「關心」與「照顧」雙層意思，一般可據此分為「情意性關心」和「操作性照顧」兩方面，兩者皆可視為關懷的表現。像醫師診治病人，也會表現適度的關心，但把實際照顧病人的工作交給護理人員；而護理人員除了直接提供照顧外，情感上的關心也不能少。醫護人員關懷病人的最終目的，是希望病患能夠痊癒，並且健康地活下去。臨終關懷的情況稍有不同，但用心仍然一致。臨終患者的病情雖不會好轉，卻能夠使之趨於緩和，而讓病人在平和的狀況下離世。由於臨終患者對家人的期待較高，因此殯葬人員若要從事臨終關懷服務，最好是與當事人家屬合作，提供「無後顧之憂」的身心寄託。現代人既然把生、老、病的大事都託付給醫師及護理師去照顧，當然也可以考慮把身後之事放心交給合格的禮儀師去料理。

三、本土轉化

　　由具有宗教情操的安寧照顧和反映醫藥科技的緩和醫療所組成的專業性臨終關懷，是全然西方的產物；但是人類對臨終者的關心照顧，卻是不分民族文化的情感流露。作為專業性臨終關懷的安寧與緩和療護，由桑德絲醫師首開其端，一開始並未得到醫療界的認同，而她也有意跟既有的醫療體制劃清界限。但是她所繼承歷史久遠的人道關懷，卻在當代更有迫切需要。二十世紀中葉以後，醫藥科技與生命科學攜手合作，獲得長足發展；克服許多過去十分棘手的疾病，使得人們活出了應有的年齡和水準。例如美國人在三〇年代的平均壽命只有四十九歲，如今卻接近八十歲；一旦活得夠長，容易在生命後期侵襲人的疾病開始發揮殺傷力，癌症便是最佳例證。過去的人不是不會致癌，而是尚未活到患癌症致命的年歲，就因為其他傳染性疾病而去世。

　　主要為照顧癌末患者而推動的安寧運動，在二十世紀六〇年代以後興起，多少跟西方國家死於癌症人數日增有關，而同一時期也出現了死亡學的復興和死亡教育的開展。癌症以及後來流行的愛滋病，被視為上世紀末的兩大絕症，至今仍未能完全得其解。絕症便意味醫學的失敗，這也激發了科學家起而挑戰的決心，醫藥科技的進步，正是靠著臨床試驗的成果反映出來。但是像癌症這種非傳染性的身體病變，仍然以「早期發現，早期治療」為上策；一旦腫瘤細胞到處擴散，也就回天乏術了。臨終關懷正是在這種困境中應運而

生，只是要讓醫療人員放手，由照護團隊接手，不免需要進行協商。這種生死抉擇，在講究自律的西方國家可以由個人作主，到了華人社會，就需要家族共同來決定。

安寧療護的前提是：**放棄積極治療，轉向緩和醫療**。有人到此就認爲長痛不如短痛，因此尋求安樂死。但是安樂死在所有華人社會都不合法，所以姑且不論，僅就專業化臨終關懷在本土轉化的情形稍作討論。「臨終關懷」一辭，係一九八八年由旅美心理學者黃天中，將西方的安寧理念引進大陸，而在天津醫學院所提出的譯名，其具體落實則爲在該校成立「臨終關懷研究中心」。天津醫學院後來改名爲天津醫科大學，始終是大陸在這方面的發展重鎮，他們努力在三個方向上不斷創新：臨終關懷醫學專科、臨終關懷學、臨終關懷療護機構。近來臨終關懷最大的突破，乃是香港實業家李嘉誠自二〇〇一年起，每年向大陸各地十七家重點醫院各捐款一百萬港幣，對五千病患提供專業服務。來自臺灣的安寧專家趙可式，則爲這項人道服務的重要推手。

大陸的臨終關懷與臺灣的安寧療護性質相近，屬於正規衛生保健體制中專業醫療照護的一環；而「臨終關懷」之說，在臺灣則經常被當作廣義使用，亦即指對臨終者的人道關心與照顧。值得一提的是，大陸也有範圍較爲廣泛的臨終關懷機構，例如北京市的「松堂關懷醫院」。這所醫院可說是老人院、安寧院與醫院的綜合體，自一九八七年成立以來，已經爲一萬六千名以上老人平安送終。其創辦人李松堂醫師經過十年醞釀後，提出「社會沃母」的臨終關懷理論，「沃母」爲「子宮」的英文音譯。人生下來之前，都經歷母親懷胎十月，醫學上稱爲「圍產期」；李松堂根據臨床觀察

發現，老病纏身臨終者的衰退過程大約也經歷十個月，可稱作「圍終期」。圍終期的臨終者需要「社會沃母」的關心與照顧，他乃建議將西方國家對臨終期的認定，由六個月延長為十個月，以善盡「人溺己溺、推己及人」的社會責任。

　　將臨終關懷的時期由半年延長至十個月固然很好，但是在現實情況下恐怕難以落實；像居家療護或許還有些彈性，醫院中的安寧病房就不容易及早進住。以臺灣為例，每年有三萬多人死於癌症，由健保給付的安寧病房，卻僅設置六百多個床位；有機會入住者，能夠接受專業化臨終關懷的時間，通常不會超過一個月，終究不符所需。當然華人還是希望壽終正寢，因此得以順勢推行居家療護；但是都會區住家鱗次櫛比，大家比鄰而居，一旦有人在家中去世，難免驚動左鄰右舍，似乎也有窒礙難行之處。總之，專業化臨終關懷雖然充滿人道理想，但在現實環境中的落實卻不無困難，大家只能盡力而為。相形之下，不受專業限制的服務性臨終關懷，卻是大家都可以共同參與、貢獻心力的仁愛表現，殯葬中的臨終關懷正應由此出發。

四、綜合討論

　　嚴格說來，臨終關懷乃是禮儀師專業職能的一部分，因此也歸於一種專業化活動。但是禮儀師至今仍屬未來式，證照制度的實施將是多年後的事情，眼前生前契約卻已逐漸流行；殯葬人員不該等到取得正式專業身分後，才開始進行臨終關懷。何況業者要做的也非安寧療護，而是與殯葬服務配

套的關心與照顧，大可不必拘泥於形式上的要求，只要用敬業的心態去接觸當事人即成。敬業在以人與人互動爲主的服務業來說，最基本的要求即是「設身處地、善體人意」；這就等於大家常聽說的，要發揮「同理心」。一如前述學者研究所指，臨終病人最需要家人和信仰的支持，殯葬人員倘若能夠扮演親友的角色，並且將信仰的話題帶入關懷過程中，相信較容易爲當事人所接受。

信仰屬於人們的靈性需求，本書以「一體五面向人學模式」爲考察觀點，靈性面向即爲其中之一。信仰在歐洲、美洲、中東、北非、南亞、東南亞、東北亞、澳紐等地，大多指向宗教信仰，在非洲也許還代表萬物有靈觀點；唯獨在全球華人社會，它至少有宗教信仰、民俗信仰、人生信念三種可能。大陸上實行社會主義，官方立場爲無神論，少數民族各有其神明和信仰，但是占九成以上人口的漢民族，則大多沒有明確的信仰歸屬。「宗教信仰」的關鍵性條件是「皈依」，或稱「歸依」，亦即通過儀式加入特定宗教團體。這點在華人社會並不算普及，倒是燒香拜神的人不在少數，後者即爲「民俗信仰」。以臺灣爲例，民俗信仰被納入廣義的道教系統之中，占人口的三成左右，佛教徒約占兩成，其餘則包括基督宗教、伊斯蘭教和各式新興宗教信眾。不過完全未信教的人也不少，而這些人多少擁有自己的「人生信念」。

臺灣的佛教相當入世，信徒也樂於爲臨終者及往生者助念，加上佛教團體不乏興辦殯葬事業者，使得佛教與殯葬關係密切。至於臨終關懷雖爲西方產物，但是佛教並未缺席，像是「佛教蓮花臨終關懷基金會」，即與基督教的「安寧照顧基金會」和天主教的「康泰醫療教育基金會」鼎足而立。

事實上，臺灣的臨終關懷事業，主要還是由這些具有宗教背景的非營利組織在大力推動。殯葬業如果有意主動落實臨終關懷，不妨對這些基金會的運作情形和推廣內容多所瞭解，相信較能有效進入狀況。像佛教臨終關懷便提出「尊重生命、淨化人心、莊嚴國土、利樂有情」四種理念，讓信徒躬行實踐。其他的宗教團體，或是以儒道二家思想為人生信念者，相信也都具備明確的臨終關懷理念。

殯葬業者雖然是料理後事的專業人員，然而一旦涉足臨終關懷，就必須對臨終者的現況充分把握，否則便難以落實關懷之情。由於癌末病人的臨終時期較易確認，因此我們便以癌末病患的臨終關懷為例說明。專業化臨終關懷可分為緩和醫療和安寧照顧兩部分，前者針對患者身心而發，後者則及於心理、社會、倫理、靈性諸面向。在緩和醫療部分，醫護人員需要先對病人的疼痛狀況加以評估再予處理，通常採取藥物和非藥物兩類方法進行處置。此外，患者尚有腸胃、呼吸、神經等系統的問題，再加上皮膚也容易受傷，都是臨終關懷首先要改善的癥狀。一旦這些身體困擾有所減輕，病患的心理狀態方得趨於穩定，其他方面的關心與照顧始能順利落實。

當身體病痛有效減緩後，病人的心理、社會、倫理、靈性需求，也應該儘量予以滿足。在心理及社會層面上，我們可協助當事人回顧一生，並找出個人對社會的貢獻，以肯定自身存在的價值。在倫理關係上，我們嘗試把家族成員集合在一起，以團聚的方式為當事人送終。而在靈性開顯上，我們則盡可能地提供一個莊嚴的情境，使當事人產生圓融和諧的感受，無礙地離去。生命之所以有意義，正是因為生命有

限。每個人都必然會走到生命的盡頭，相信靈魂不朽的人會欣然而去，留下身體這副臭皮囊給別人處理。殯葬人員雖然處理的是作古的遺體，但是在當事人生前與死後，都有機會跟他的靈魂對話。臨終關懷或許是殯葬人員最神聖的任務。我們多麼希望自己的努力，能夠讓對方含笑九泉啊！

結　語

　　臨終關懷是對於臨終者的人道關懷，在西方國家已發展成專業化的醫療照護，尤其針對癌症與愛滋病的末期患者。臨終者及其家屬多半知道大限已至，無不希望得到善終，而這其實可包括妥善料理後事在內。殯葬人員過去只負責後事部分，沒有機會從事臨終關懷；如今則因為生前契約的推廣，有可能與當事人在生前結緣。一旦殯葬服務的契約關係成立，臨終關懷很自然地便成為專業服務的附加價值。雖然在諱言死亡的社會中，許多人仍舊不願意在生前與殯葬業者打交道；但是隨著殯葬改革的落實，業者以其專業角色上的多元職能，例如宗教關懷與心理諮商等，相信會逐漸為大眾所接納。臨終關懷在殯葬服務中正方興未艾，但是悲傷輔導卻是當務之急，這將是下一章要介紹的主題。

課後複習

一、「臨終關懷」有廣義與狹義兩種解釋，狹義者已發展爲
　　專業化臨終關懷，可分爲「安寧照顧」與「緩和醫療」
　　兩部分。請對這種專業化發展的來龍去脈加以闡述。

二、「關懷」有「關心」與「照顧」雙層意義，一般可分爲
　　「情意性關心」與「操作性照顧」兩方面。作爲替社會
　　大眾料理後事的專業性服務，殯葬業者如何在這兩方面
　　有所發揮？

三、大陸上有臨床醫師提出「社會沃母」的構想，建議將臨
　　終期的時限由半年延長爲十個月，再整合社會各方面資
　　源和力量，對臨終者從事關照。請對此加以評論。

四、臺灣的專業化臨終關懷以宗教團體支持最力，三大宗教
　　各有一個基金會在推動公益。請問殯葬業者是否有可能
　　借力使力，透過參與公益活動以落實臨終關懷？

死生有命

晚上看見電視中在訪問一對異國夫妻,而且是老夫少妻,兩人一道開店製作豆腐。記者問及兩人婚後相處情形,已經能夠用流利國語表達的越南配偶笑著說道:「一切都是緣分嘛!」坐在一旁吃著炸豆腐的先生也靦覥地表示:「沒有緣分她早就回家去了。」原來越南新娘嫁過來的時候不會煮飯做菜,家人擔心先生不接納她,便叫她一旦不適應就趕緊回家來。好在年輕女孩有心嫁雞隨雞,加上肯學,就這麼一道一道菜學了三年,如今兩人已成為生活加事業的共同體,彼此終身廝守。當太太把炸好的豆腐端上餐桌時,先生說了一段發人深省的話:「我每天都吃自己做的豆腐,這樣才知道做得好不好。」畢竟這是太太親手炸的,而太太的辛苦努力,才使得這段情緣長長久久。

印象裏看韓劇不時發現婆媳相處與孝道的劇情,再聽說許多人願意娶越南新娘,是因為她們較守婦道;後來仔細一想,原來韓國和越南都是深受中華文化儒家思想影響的國家,所以在生活習性上,讓我們有似曾相識之感。真正有意思的是觀念的融通,東南亞各國多信佛教,而佛教正是講緣起緣滅、聚散無常的。人生若是一切隨緣,則長久的人際關係便難以建立,此時儒家所看重的名分就可以適時發生作用。「緣分」其實可以拆成「緣」與「分」兩件事來看,「緣」指「偶然的緣會」,「分」指「必然的名分」。人際關係的建立皆屬偶然,連父母與子女的關係也不例外;然而一旦建立關係,即得以靠名分固定住,再由彼此用心加以維繫。我們跟家人親友的關係都

是各式各樣的緣分，而個人的生滅消長則歸於命運。死生有命，在生命的終點之前，藉由緣分所建立的關係，還是可以發揮關愛之情的。

　　「緣分」與「命運」是華人社會最常被拿來解釋人生種種遭遇的觀點，倘若大家能夠把這兩個觀點分別拆開來看，無形中便多爲我們帶來了一些選擇餘地。一如「緣」指「緣會」，「分」指「名分」；「命」反映的是「命定」，而「運」則可以體現出「運氣」。命中註定的事情當然不能改，而可以改的部分，就表示我們在「運作」自己生命裏的「氣勢」。由此觀之，「緣」與「命」似乎由不得人們作主，但是「分」與「運」卻正是可以大有作爲之處。人之將死也許是命，用科學的説法即是由基因決定；但是對臨終者的關懷，卻是周遭與之結緣的人們，可以多所發揮的地方。像殯葬業者因爲生意而與客户結緣，當他們走到生命盡頭時，則嘗試以朋友的關係接近當事人，爲其提供無微不至的關心與照顧。你我都是有情眾生，在死生有命的情況下，推己及人去關愛別人，不是等於「同體大悲」的實踐嗎？

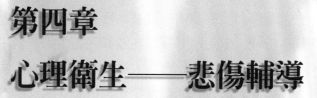

第四章
心理衛生——悲傷輔導

　　作為殯葬衛生學重要環節的心理衛生部分，主要是引介悲傷輔導。悲傷輔導在美國已發展成為輔導專業下的專門服務，需要考授證照始能執業。輔導有自己的系統理論，但其基礎學問則為心理學。美國心理學共分四大學派，從而開發出十一種輔導實務方法；其中有些方法深具人文精神，可與中華文化相互呼應。禮儀師從事悲傷輔導的時機，多在當事人去世前後，對象則以家屬為主。由於在地選擇殯葬儀式以道教居多，反映出社會大眾心之所嚮較接近民俗信仰，因此悲傷輔導理當考量本土文化因素，並適當融匯民俗心理治療的作法。悲傷起於失落，失落來自依附；依附關係的割捨與重建，需要通過哀悼過程。殯葬悲傷輔導的目的，正是在協助喪家順利完成哀悼任務，恢復心理健康。

引　言

　　悲傷輔導與臨終關懷一併被〈殯葬管理條例〉列為禮儀師的基本職能，雖然臨終關懷在殯葬活動中仍方興未艾，悲傷輔導卻始終存在。由於殯葬人員處理的是死人，面對的卻是活人，因此對於喪家的悲傷情緒提供必要的安撫，可說是既直接且迫切。過去傳統業者的處事態度顯得較為消極被動，大多默默地在為亡者料理後事，而少與家屬產生情意上的互動。近年新興業者引進西方經營模式，主動為家屬提供安心的服務，其中即包括悲傷輔導與售後服務在內。然而當業者有意接近家屬為其分憂，卻苦於不得其門而入；畢竟在華人社會中，一般是不輕易對外人表達悲傷情緒的。例外情形也許是宗教團體的介入，像慈濟功德會的成員，只要任何地方發生災難，他們都會盡可能在第一時間到達現場，從事安頓人心的工作，這是很好的悲傷輔導示範。

一、背景知識

　　「悲傷輔導」也稱作「哀傷諮商」，但是無論稱呼為何，在西方社會它都屬於一門專業化的服務；就像專業化臨終關懷，必須領有證照方能執業。例如美國的「死亡教育與輔導協會」，就負責培訓與考授「悲傷輔導師」與「悲傷治療師」的專業證照。但是殯葬工作者畢竟不屬於心理輔導專業，充

其量就像教師、宗教師或社會工作師一樣,在本行專業中見機行事,進行適當的悲傷輔導。由此可見,悲傷輔導也和臨終關懷類似,在此是取其廣義在使用;我們同樣可以區分專業性和服務性兩種悲傷輔導,後者理當成為每個人都應該具備的生活修養。生活裏充滿了喜怒哀樂的情緒變化,悲傷屬於人們正常情緒的一種,不必掩飾壓抑,只要善加疏導即可。西方學者發展出極有系統的輔導技能,用以化解悲傷;但是我們還是應該先行瞭解作為悲傷輔導背景知識的心理學與輔導學。

輔導學通常與應用心理學關係密切,而應用心理學的基礎則是普通心理學。今天在學校裏講授的普通心理學屬於「科學的心理學」,一般是以一八七九年德國生理學家馮特(Wilhelm Maximilien Wundt, 1832-1920)在萊比錫大學設立實驗室,開始研究人類的心靈意識活動為起始。在這以前,心理問題是通過哲學思辨推理來解決,亦即「哲學的心理學」。科學實驗講究實事求是、無徵不信,一旦把心理問題搬到實驗室去研究,科學家當然會捨棄看不見、摸不著的「心靈」和「意識」,轉而研究具體客觀的「行為」。西方心理學於二十世紀初期走上「行為主義」的途徑並非偶然,而這種科學化的態度,在學術界一枝獨秀達半世紀之久,使得心理學成為「沒有心的心理學」,這似乎跟人們的常識看法有很大的出入。

世界上心理學最興盛的國家應屬美國,過去臺灣的心理學研究長期追隨美國,近十數年,連大陸也趕搭上同樣列車。「行為主義學派」即創始於美國,獨霸學界半世紀之後,受到電腦快速發展的影響,才轉化修正為「認知學

派」。因爲當今電腦已經可以模仿人類行爲達到唯妙唯肖的地步，兩者的區別，乃是人腦在思考、認知，而電腦只會計算，所以才稱作「電子計算機」。不過無論是注重行爲還是著眼於認知，大多爲學者的興趣，社會大眾似乎體會不出它們的用處。就在行爲主義大行其道的時候，因爲碰上第二次世界大戰，一些在德語國家中從事精神分析臨床醫療的學者專家，紛紛走避到英語國家，其中最有名的便是佛洛伊德（Sigmund Freud, 1856-1939）。「精神分析學派」在戰後開始流行於美國的精神醫學界，成爲美國心理學的「第二勢力」，以別於「第一勢力」的行爲主義。

行爲主義希望通過嚴謹的科學研究，找出有機體接受刺激而形成反應之間的關聯，以開創系統化的知識。他們通常會把動物實驗的結果，類比地運用在人類行爲的改變上，其中最有名的即是「巴甫洛夫的狗」。獲得一九○四年諾貝爾醫學獎的俄國生理學家巴甫洛夫（Ivan Petrovich Pavlov, 1849-1936），曾經以狗做實驗；他對飢餓的狗在餵食前先行搖鈴，久之只要一搖鈴，狗即流口水準備進食，此謂之條件化「制約反應」。這種反應現象，同樣可用於設計針對人類的賞罰活動。由於行爲主義在發現刺激與反應的聯結上，獲致不少突破性成果，使得它被廣泛應用於教育、工商、軍事諸領域。在實用精神當道的美國社會，學院裏的行爲主義因其實用功效，得以長期屹立不搖。同樣是因爲能夠反映出實際療效，使得精神分析也普受歡迎。

當行爲主義和精神分析兩大學派，在美國心理學界呼風喚雨之際，一群受過科學訓練但從事心理學應用的學者卻心生不滿。由於他們並非在進行異常心理的精神醫療，而是從

事正常心理的輔導諮商，遂發現前述兩大學派皆各有所偏，無法充分因應一般人之所需，乃醞釀發起自立門戶的學術運動。一九六一年，號稱「第三勢力」的「人本主義學派」應運而生。他們標榜人性本善，主張尊重當事人，提倡自我實現，在輔導諮商領域大受歡迎。只是好景不常，人本學派一旦運作成功而廣爲人知後，便出現內部失和的情況，學者紛紛各行其是。一九六九年，人本學派開創者之一的馬斯洛（Abraham Harold Maslow, 1908-1970），另行提出「第四勢力」路線，亦即「超個人心理學」。

二、發展現況

　　大家必須瞭解，所謂「四大勢力」的路線之爭，只不過反映出上個世紀美國心理學界的發展情形，我們大可不必唯其馬首是瞻。但是臺灣的心理學和輔導學發展，畢竟深受美國影響，所以還是必須對其做一起碼的認識。尤其西方的悲傷輔導，在學理上仍根植於應用心理和輔導諮商的脈絡；儘管我們有意開發本土與在地的悲傷輔導，同樣需要對此一源自西方的傳統助人活動多所把握。「輔導」與「諮商」兩個概念大同小異，且經常被替換使用；在臺灣，學校和軍隊講輔導，醫院和工商業則喜談諮商。近年輔導諮商在西方被歸於「助人專業」，以協助當事人解決生活中的諸多問題。輔導不一定針對心理困擾，如就業輔導便屬於生涯規劃的一環；然而像是悲傷輔導，就涉及較多的心理調適問題了。

　　心理調適有正常與異常的程度之分；正常情況下的心理

困擾，以不影響生活作息為原則，只需經由心理輔導尋求改善；異常情況則為生活帶來不便，必須靠進一步的心理治療加以克服。以悲傷情緒的調適為例說明，悲傷原本是人們正常情緒的一種，當我們碰到親近的人去世，悲傷反應在所難免。像現在的工商業社會，時間就是金錢，因此請假辦理喪事，大多不會超過三週。但是根據研究顯示，一般人失去至親的悲傷情緒，可能長達三個月。換句話說，當一個人在很短期間內為家人料理完後事，回到工作崗位時，仍不免感到悲傷，此刻便需要接受悲傷輔導。倘若有人悲傷逾恆，難以自己，超過半年以上，甚至長達一年，就有必要接受治療了。不過反觀中華文化傳統，孔子時代父母去世都得守喪三年；看來悲傷輔導與治療，皆屬現代生活的產物。

從歷史上考察，輔導諮商與心理治療並非在同一時代興盛起來的活動；後者早在十八世紀即已存在，前者則到二十世紀中葉才大幅成長。心理治療，顧名思義乃有醫療成分在內；西方醫學在近代以前仍保有強烈宗教色彩，十七世紀法國哲學家笛卡兒（René Descartes, 1596-1650）主張心物二元論，將身體和心靈分別看待，影響所及，後世的醫療活動遂出現身體治療和心理治療各自發展的趨勢。由於十七世紀出現科學革命，使得身體醫療不斷走向機械唯物的科學途徑；相對地，心靈方面的開導則仍然屬於教士的工作。由於心理困擾有輕有重，一旦嚴重到變成精神疾病，就連教會也無能為力。過去精神病患皆被囚禁，十八世紀有人道醫師為其解禁，從而開創出科學化的精神醫學途徑。

精神醫療與心理治療雖然都針對心理精神層面，但也有差別。前者是醫師的專利，可以開藥、打針及動手術；後者

則屬於心理師的專業，主要採取行為矯正和協談治療的方法。由於對異常心理的治療日趨專業化，且多由醫師或心理師來負責，進入二十世紀以後，神職人員大多處理正常的心理調適，同時擔任類似工作的還有教師。換言之，現在流行的輔導諮商，在過去只是教士和教師職責的一部分；發展成今日的輔導專業，則是五○、六○年代的事情。二次大戰後，美國工商業迅速成長，經濟富裕卻形成精神緊張、人際疏離的社會現象，當心理困擾的人增加到一定程度，已非教會和學校可以因應，輔導專業人員和機構乃應運而生。我們可以這麼看：西方輔導專業乃是個人主義和資本主義交織下的產物，有困擾的人寧願花錢找專家諮商，也不願意麻煩親戚和朋友。

相形之下，東方人比較傾向集體主義，華人更反映出家族主義的特性；一個人有困擾，只會跟親友傾訴，而不會找陌生人諮商。這其中有一種例外情形，那便是宗教相關人士，有可能受到信任。正如西方心理輔導具有宗教傳統，臺灣也有類似情況出現，此即通過「民俗療法」為人排憂解厄。心理學者黃光國觀察到，九二一震災後，正統心理學家走進災區卻無用武之地，反倒是收驚婆最受災民歡迎，這種情形連首善大都會臺北市都可以發現。災區服務有一部分任務就是悲傷輔導，奈何災民寧捨學者專家而就民俗療法，其中意義值得我們深思。倘若臺灣的社會大眾對於西式的悲傷輔導接受意願不高，則禮儀師要善盡這方面的職責，似乎就不能完全走向西化道路，而應該嘗試開發出本土化的在地模式以資應用。

三、本土轉化

悲傷輔導的本土轉化，並非炮製民俗療法，而是根據
「中體外用」的大原則，將西方相關的學理與實務，通過本
土觀點的篩選為己所用。本書所秉持的本土觀點，即是「後
科學、非宗教、安生死」的華人生死學，而以融匯古典儒道
兩家思想和後現代精神的「後現代儒道家」為知識典範。華
人生死學論述之中，與本章有關的包括「心理取向人學模式」
和「生死輔導」兩部分。綜觀美國心理學四大勢力，其中行
為主義和精神分析偏重科學性，而超個人心理學又籠罩在宗
教性的神秘氛圍中，均不足取法，僅列為參考。能夠為中華
文化所用的，只有人本主義學派。「人本主義」又稱為「人
文主義」；「人本」在西方與「神本」相對，「人文」在中
國則與「天文」互補。西方人本主義是基督宗教以外的人生
信念，中國人文主義則以儒家思想為正宗而躬行實踐。

心理學四大勢力的實際應用，開發出一系列心理輔導與
治療的方法，近年至少歸納出十一種，其中**當事人中心方
法、存在主義方法、女性主義方法、後現代主義方法**等四
種，與人本主義學派的精神相互呼應，亦為本書所認同。簡
單地說，「當事人中心方法」相信當事人有能力追求自我實
現，輔導的真義即是協助當事人達成目的；「存在主義方法」
鼓勵當事人盡力完成適當的存在抉擇，以順利迎接人生各項
挑戰；「女性主義方法」的特色在於體現陰柔的關懷倫理，
以彌補陽剛的正義倫理不足之處；「後現代主義方法」則強

調多元價值，並凸顯出社會性建構的可能。由於當事人中心觀點認為人性本善，而與儒家思想有所銜接；存在主義著眼於人生處境，實與道家思想古今呼應；至於女性主義得以發出不同的聲音，正是拜後現代「肯定多元、尊重差異」之賜。四者融匯貫通，便有可能創生我們所倡議的「後現代儒道家」。

綜上所述，本土化的輔導諮商實應以「**後現代儒道家**」思想為依歸，來彰顯在多元化社會中，具體落實「**有為有守，無過與不及**」自我安頓的重要與必要。「中體外用」的「後現代儒道家」思想，對於禮儀師從事悲傷輔導工作，多少可以提供正面的啟發。像儒家強調「**慎終追遠**」，禮儀師敬業地發揮專業服務，讓喪家真正感受到親切放心，正是最佳的撫慰；而道家講究「**反璞歸真**」，能夠使喪家體會其中道理，就會大幅化解悲傷之情；至於後現代提倡「**接納多元**」，更足以令業者和喪家共同協商出一套簡樸但不失莊嚴的殯葬過程，以擺脫繁文縟節來推陳出新。總而言之，針對華人的輔導諮商，不一定要採用許多西式洽談技術，但絕對要考慮本土與在地文化因素納入其中，否則便會出現不相應的窘境。

文化指的即是一個民族的生活方式。華人中有九成三左右為漢民族，臺灣除了四十多萬原住民和三十萬外籍配偶外，其餘多屬漢民族。全球有六分之一的人口是漢族，漢族所實踐的生活方式體現出中華文化，而中華文化的核心價值正是儒道兩家思想。如今儒家思想大多內化成為每一個人的行為準繩，而道家思想則結合古老的鬼靈信仰，形成系統博雜的道教。道教的出現，有一部分原因是為對抗外來的佛

教:而佛教在中國落地生根後,也出現相當程度的本土轉化。這四種古老的思想或信仰,對於生與死的態度各有創見:儒家重視現世主義、道家講究生死齊觀、道教嚮往長生不死,佛教則強調輪迴轉世,這些都是華人本土生死學和臺灣在地殯葬學必須正視的生死觀。

臺灣人口中有三成信道教,兩成歸佛教,而殯葬儀式卻有七成採道教,兩成為佛教。事實上,這多出來的四成大致沒有明確信仰,而原有的三成則多屬民俗信仰。值得注意的是,佛教團體和信仰系統分明,信佛的人往生後,必定堅持使用佛教儀式。還有一點必須提及,「往生」乃佛教專門用語,指有情眾生前往西方極樂世界去投胎轉世或臻入涅槃,必須以輪迴觀為前提。如今在臺灣則不管是否佛教徒,一旦去世皆稱往生,多少有些不妥。當然由於民俗信仰長久以來即道佛雜糅,輪迴觀滲入其間也是必然。再說佛教傳入已近兩千年,早就深入人心,而一些佛教用語如「真諦」、「皈依」、「加持」、「法門」、「往生」等等,也就成為日常語言。不過身為殯葬人員,我們還是應該在語言溝通上慎重小心。

四、綜合討論

在討論過許多有關一般性輔導諮商的論題後,本節將對焦於悲傷情緒的調適上。我們常聽說的兩句話:「化悲傷為力量,化危機為轉機」,或許可作為悲傷輔導的有意義註腳。要瞭解悲傷屬於何種情緒,可以從悲傷的來源著手,我

在此也藉兩句話簡要說明：「**悲傷起源於失落，失落來自於依附**」；意思是說，外顯的悲傷情緒係由內隱的失落感受中生成，而失落感的湧現則因為個體與其相互依附對象關係的斷裂。舉例來說，近年寵物殯葬活動開始流行，有些人視為多此一舉；但是寵物之所以受寵，正是因為跟主人形成依附關係，關係一旦消滅，失落感立刻浮上心頭，人也跟著悲從中來。其實喜怒哀樂各種情緒都其來有自，我們不會隨便對人生氣，卻會氣跟自己有關的人，這也是受到依附關係影響的緣故。

華人是十分講究關係的民族，由此產生面子問題；面子是一種禮數，但容易使人看不清楚對方的真面目。我們太看重關係，所以人情味濃厚；但是又太愛面子，因此真情不易流露。有些人到臨終都無法真實地表達情感，只能含怨以終，不免令人遺憾。臨終關懷與悲傷輔導都指向一個共同目的，那便是使得當事人和家人親友雙方，皆感到無怨無悔。要達成此目的，雙方必須學會交心。華人礙於情面，不容易坦率交心，不像洋人那般自然大方。雖然坦誠交流是可以學得的，但是臨終者最大問題是沒有時間。其實當事人和家屬，彼此心中都有萬般情愫要傾訴，奈何不知如何說出口；此時在一旁的專業服務人員，例如醫師、護理師、心理師、社工師、宗教師、禮儀師等，正好可以適時扮演觸媒的催化角色。

悲傷輔導的專家告訴我們，為了順利撫平悲傷情緒，必須學會承受失落，並完成一定的哀悼任務，而哀悼正是彌補依附關係斷裂的具體作法。最基本的哀悼任務有四項：**接受失落、體驗悲傷、往者已矣、來者可追**；前二者屬於消極任

務，後二者則爲積極任務。「往者已矣、來者可追」意指學習適應舊關係消失的環境，並嘗試調整情緒以建立新關係。新關係不必然是替代，有時候也可以是情感的轉移或昇華。通常最強烈的悲傷情緒係來自喪親及喪偶，而喪親中又以失去子女較嚴重。人們在喪親或喪偶後，必須通過哀悼過程以結束舊關係。而新關係的建立，不一定要再生小孩或續弦，走向更廣闊的人道關愛途徑，例如成爲公益活動的志工、老吾老以及人之老等等，都是極有意義的事情。

在重視專業化的今天，就像專科醫師的設置一樣，悲傷輔導也逐漸發展成爲輔導內部的專門分支，也就是專業性悲傷輔導。這種職務在美國必須考授證照方能執業，在臺灣則尚未分化。不過臺灣目前已有由政府考授的「諮商心理師」和「臨床心理師」證書，已然形成輔導諮商和心理治療的專業共同體。像學校的輔導人員，就必須是心理師或輔導科教師，他們同樣必須有悲傷輔導方面的相關知能，只是碰到難以處理的個案，便要尋求管道，轉介給更有經驗的專家。禮儀師是殯葬專業人員，一如醫師和護理師，有機會接觸臨終者及其家屬，因此縱使不具備太深入的訓練，也應該適時從事服務性臨終關懷與悲傷輔導。基於悲傷輔導屬於輔導專業的一環，而輔導諮商則與心理學息息相關，本章即順著這個線索引介悲傷輔導的理念。

由於心理議題類似宗教議題，深深糾纏於民族文化的歷史社會時空脈絡，不能一概而論，所以我們希望大家考量「本土心理學」和「在地輔導學」的可能。本土心理學的根源乃是「中國人性論」，而在地輔導學則有必要向「民俗心理治療」求緣。禮儀師處理的是有關個體死亡的事務，輔導

則是針對個人心之所響加以疏導；當業者發現臺灣有七成的
亡者採用道教儀式料理後事，多少反映出民俗信仰與人心歸
向的關係。我們無意否定西方悲傷輔導對人心的洞見，但也
樂於強調開發本土與在地模式的重要和必要。為培育禮儀師
而規劃設計的殯葬教育，倘若能夠在學理與實務上，開發出
一套有系統的在地殯葬臨終關懷與悲傷輔導模式，將有助於
提升業者素質，建立專業形象，這正是我們全力以赴的目
標。

結　語

　　提倡心理衛生的目的，是為維繫個體與群體的心理健
康；群體可以小至家庭，大到社區及社會。心理健康是人際
相處的起碼條件，否則便會適應不良。在殯葬衛生學的建構
中，納入〈心理衛生〉一章，即是希望協助喪親的人，化解
正常悲傷，保持心理健康。過猶不及，悲傷逾恆與延宕，都
會影響正常作息，生活在步調快速的工商業社會中，這便屬
於適應不良的情形。古人父母去世，可以守喪三年來進行自
我調適，如今則希望在三個月內完成哀悼任務，而親友的後
事更必須在短短三週內加以料理，不免令人感嘆情何以堪！
本書花了三章篇幅，初步建構出本土化的在地殯葬衛生學，
最終還是希望殯葬業者和社會大眾，彼此都以健康的心態去
看待對方。殯葬是民生必需的行業，也是做功德的事業，接
下去第二篇就進入殯葬業的經營管理部分。

課後複習

一、我們這兒談論心理學一向以美國為宗，美國心理學可分
　　為「四大勢力」，其中有的偏重科學，也有的傾向人
　　文。請查閱文獻，說明這四種勢力的來龍去脈。

二、心理輔導與治療在西方的根源上，乃是教會神職人員為
　　信眾提供宗教性心靈慰藉的服務；而在臺灣也有所謂民
　　俗療法的心理諮詢，卻無法登上大雅之堂，請對此加以
　　評論。

三、西方的輔導諮商與心理治療，至少可分為十一種方法，
　　其中當事人中心方法、存在主義方法、女性主義方法、
　　後現代主義方法等，可引申銜接上中華文化傳統思想。
　　請據此考察建立本土助人專業的可能。

四、「悲傷起源於失落，失落來自於依附」，而舊的依附關
　　係斷裂後，需要通過哀悼過程，再建立起新的關係。華
　　人是相當看重關係的民族，請進一步反思，從事在地殯
　　葬悲傷輔導的可能利弊得失。

感同身受

　　我家後面有一片大公園，去年搬來一座國立圖書館，號稱是臺灣最大的公共圖書館。放暑假時我成天在家寫作，並且固定於黃昏時到公園散步一大圈，半途還鑽進圖書館去吹吹冷氣。有一天我從後門出來時，看見旁邊貼了一張懸賞啟事，原來是有一名女生在館內做研究，離開書桌去查資料時，桌上的筆記型電腦便不翼而飛。女生十分焦急，願意破費一萬元索回電腦，尤其是其中儲存的重要檔案，這正是她未完成的學位論文。這種焦急我可以感同身受，因為我也寫過論文，心血結晶一旦流失，其失落感可想而知。走在回家的路上，在巷口里民布告板上又看見另一樁懸賞啟事，有人願意出三千元找回他失去的愛鳥；相片中看似伶俐的黃色鳥兒，不知為何一去不復返。

　　有人找電腦，有人尋失鳥，到底孰輕孰重？我認為無法一概而論。我不曾養鳥，因此難以體會尋鳥人的失落心情。只記得有一回因為拆冷氣去保養，卻赫然發現冷氣支架上方空隙處住了一窩麻雀；也許是環境起了變化，母鳥不敢歸巢，幾隻雛鳥硬生生地餓死。在收拾殘局時，我不禁有幾分失落和愧疚之感。但是眼前的情況，我比較容易同情丟失電腦的人，因為心中總是隱隱的產生論文不見了的焦慮。不過仔細想想，電腦掉了可以再買，論文不見了可以重寫，但是心愛的鳥兒飛走或是死亡，卻難以換回同一隻。我的小姨子曾經養過一隻巴哥犬，三年來形影不離，幾乎相依為命。有天愛犬走失，她的失魂落魄令人吃驚。家人為安撫她，買了隻同型小狗送上，沒想到她

的反應竟為：「這不是原來的那一隻！」

　　這便是悲傷輔導必須正視的問題：失去的生命永遠是獨一無二、無以倫比的。電腦、論文沒有生命，只對某些人有特定用處，失去了會著急、遺憾，卻不易產生悲傷情緒，更無須進行哀悼。然而鳥兒和小狗卻屬於有情眾生，對主人而言就像家人一般親切，走丟後所帶來的悲傷與失落，實在難以名狀；而至親的去世，無疑有過之而無不及。誰無父母，誰無子女？人生在世，由悲歡離合所形成的喜怒哀樂不斷出現，我們必須學會自我調適，並且推己及人，協助別人安度難關。我一向主張：為因應小孩出生，要落實「親職教育」；為面對親人去世，要接受「送終教育」。而各種助人專業的從業人員，更要培養人溺己溺、感同身受的敏銳知情意行，亦即一般常聽說的「同理心」。為了善盡職守，殯葬人員絕不能置身事外，這也是禮儀師之所以為「師」的真義。

第二篇

社會科學領域——

殯葬管理學

第五章
行政管理──制度法規

　　殯葬管理學可分為行政管理、經濟管理和資源管理等三部分來建構，本章先討論行政管理部分。行政管理指的是公部門所從事的管理活動，過去較偏向行政的落實，如今則已看重管理的績效。作為公部門的政府機構，施政並非為營利，但也應有成本考量和前瞻願景。殯葬活動為民生所必需，政府理當對此提出健全適用的制度法規。本章在分析行政管理的屬性後，即引介英美法系和歐陸法系的區別，並就同屬歐陸法系的日本及大陸殯葬法規加以說明。對照於日本和大陸殯葬法規，臺灣的〈殯葬管理條例〉兼顧硬體和軟體是一大特色。此外禮儀師證照制度的設計，也是前瞻性的作法。但是理想與現實仍有大幅差距，因此目前政府已朝技能檢定方向進行規劃。

殯葬學概論

引　言

　　殯葬在臺灣經常被大家跟禮儀聯想在一道，以致賦予其較多的人文意義。但是在美國，殯葬的重心，主要是放在公共衛生和企業管理兩方面，人文方面的討論相對顯得次要。本書嘗試建構臺灣殯葬學，對健康科學、社會科學、人文學三大知識領域無所偏廢；在社會科學領域中，我們將建構殯葬管理學，也就是第二篇所包括的三章。殯葬管理學可以分為行政管理、經濟管理和資源管理三部分來討論，前兩者分別探討殯葬在公部門和私部門的管理問題，後者則考察殯葬硬體和軟體的管理問題。本章先從公部門的殯葬管理談起，重點將放在公共政策與制度法規。臺灣的殯葬政策由內政部民政司來制定，並加以督導落實。至於制度法規，目前則以立法院通過的〈殯葬管理條例〉為依歸，最高主管機關亦為民政司。

一、背景知識

　　殯葬在傳統農業社會中，屬於民間互惠的活動；任何一家有人去世，其他村民就會義務過來幫忙料理後事。後來工商業興起，人們離家到城市裏居住謀生，一旦在外地去世，只好請專人代勞善後，殯葬業乃應運而生。如今臺灣工商發達，兩千三百萬人口形成幾個大型都會聚落，幾乎任何人家

在辦喪事時，都少不了要找殯葬人員幫忙，殯葬遂發展成為民生必需的行業。既為民生所必需，就不能任由業者在市場上各行其是，應該有所規範，而法規更得反映政策的要求。由於臺灣的經濟發展相當快速，往往使得政策和立法跟不上時代。工商社會中的殯葬是一種服務業，但是業者的作為卻長期無法可管。一九八三年通過的〈墳墓設置管理條例〉只管得到硬體，至於對業者提供服務的規範，直到二○○二年才形諸文字。

　　不管大家是否願意承認，殯葬無疑是公眾生活中的重要活動。有生就有死，臺灣近來每年出生二十一萬多人，死亡十三萬多人，人口仍在增長中，但有一天可能會走上生死相抵的水平。為了避免出生率持續下滑，政府開始大力鼓勵生育，甚至對生第三胎的家庭補貼到成年。政府看重出生多寡，與國家發展有關；但另一方面，老人福利與死亡善後，也是政府該做的事。縱使人民諱言死亡，官方也不能對這方面的事務掉以輕心，殯葬政策理當成為公共政策中不可或缺的一環。政治學者張世賢對「公共政策」的界定是：「**政府為了處理或解決公共問題，達成公共利益或公共目標，經由政治過程，所產出之原則、方針、策略、措施、辦法等等**」，本章即依此考察殯葬政策。

　　理想的公共政策制定，必須考量政府與市場雙重因素，而且缺一不可。臺灣比大陸更早走上市場經濟的道路，使得許多行業都已大幅民營化。以殯葬業為例，臺灣除了鄰避或管制的殯儀館、火化場多由公家經營外，其餘如納骨塔、墓園等，幾乎都已開放民營；反觀大陸，此一行業仍由政府控管，只是讓它儘量市場化而已。平心而論，今日世界雖已逐

漸走向全球化，但國家壁壘和政府掌控的情形依然存在；尤其當恐怖主義橫行之際，情況更爲明顯。像美國近年入出境管制嚴格，此外如郵局仍屬公營機構等，都是政府發揮影響力的例證。西方人在十七、八世紀啓蒙時期，反思到政府乃是「必要的惡」；同一時代，市場機能作爲那一隻「看不見的手」的理念也開始深入人心。時至今日，政府與市場的作用，或是公部門與私部門的相輔相成，是我們考察問題必須兼顧的觀點。

不過從宏觀面看，政府和市場機制的性質可謂大異其趣。由其發展過程反觀，完全競爭市場的運作，是將政府因素排除在外的。換言之，有了政府的干預，成本必然提高，實不利於市場競爭。不過仔細深思，完全競爭市場所假定的資源充裕和理性判斷等條件，在現實狀況中不免要大打折扣。近代西方經濟思想興起之際，正當殖民主義盛行，海權國家在全球爭奪市場，所看見的資源似乎是無限寬廣，於是才想出理性抉擇的遊戲規則，讓爭奪各方都滿載而歸。只是後來發現全球資源其實有限，有人多得就有人少拿，理性作用不再管用，大家只好本能地掠奪，二十世紀的兩次大戰，多少是這種「零和遊戲」的反映。如今全球仍存活於一種「恐怖的平衡」狀態中，所以需要一個超級政府來管制，亦即聯合國，但也無法遏止大國的爲所欲爲。

政府做事主要在於發揮公權力，過去習慣多編預算，以方便行事；如今則有成本考量，以免浪費納稅人的錢。這種觀念和行動上的改變，可視爲從公共行政到公共管理的轉化。行政跟管理並不完全是同一回事；行政通常看重制度和過程，管理則著眼於效率和結果。傳統上，公共行政指的是

官僚系統的運作，上面交代下面照辦，結果有的公務員會以為不做不錯，遂養成推拖拉的習氣。現在的政府多由民主程序產生，且有民意機關監督，不能再因循苟且，於是需要在觀念上作出大幅調整修正。不過政府的功能一方面要便民服務，一方面還是要維繫社會正義和執行公權力；因此本章所討論的行政管理，仍偏重在行政方面建立制度法規，以利公私部門管理的順利推動。以下我們先看臺灣以外一些殯葬制度法規的現況。

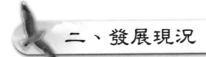

二、發展現況

　　制度靠法規來維繫，法規依制度來落實；殯葬制度反映出一個國家或地區政府，對其人民身後之事重視的程度。法規包括法律和規定，前者無疑較後者更具規範性。現今全球法律大致分為英美法系與歐陸法系兩大系統，二者在形式與內容上均有所差異，但對堅守公平正義的原則並無不同。英美法系下的殯葬法規由許多法律和規章所構成，大多不分章節，而以法條羅列，內容則包括：概念闡述、機構組織、專業證照、營業許可、死亡證明、服務規範、資金信託、監督管理等。至於歐陸法系一般都以章節的形式，對相關大小事宜做出層層規範，其內容大致包括：基本原則與規定、殯葬設施的經營管理、殯葬活動的限制與處罰等。臺灣的〈殯葬管理條例〉是典型的歐陸法系法規，本章即以歐陸法系的殯葬法規考察為主。

　　英美法系和歐陸法系的分野，多少可以對照於西方哲學

思想的兩大系統，亦即英美傳統和歐陸傳統。簡單地說，英美傳統強調經驗歸納，歐陸傳統看重思辨演繹；這與英美法律常源自判例、歐陸法律藉條文推理的特性有所呼應。任何法律的背後都是倫理道德問題，西方道德根源在超越的上帝，中國則爲內在的良心。從上帝或良心出發，人們可以得到一些基本規範，像「十誡」或「四端」等。傳統宗教上或道德上的要求，如今則可能成爲法律中的條文。這其中各種衍生出來的道理不見得人人都懂，因此法律在做出許多規定之前，要先清楚界定概念內容和範圍所在；例如何謂「生前殯葬服務契約」，如何履行約定等；又如何謂「殯儀館」，爲何特指醫院以外的殮殯奠祭設施等。

外國的殯葬制度法規大多規範硬體，亦即與實體有關的事物，包括遺體和殯葬設施等。事實上，殯葬活動的基本工作即是遺體處理，沒有等待處理的遺體，就無所謂殮殯葬一系活動了。與臺灣同屬歐陸法系的日本和大陸，其殯葬法規便在規範硬體部分。像日本現行法律早於一九四八年即公布實行，主要針對墓地和埋葬等事宜；大陸的〈殯葬管理條例〉與臺灣的名稱相同，卻早五年發布，二十四項條文幾乎都與硬體有關。唯獨我們的殯葬法規，從三十二條的〈墳墓設置管理條例〉發展至七十六條的〈殯葬管理條例〉，增列條文中，大約有近三十條涉及殯葬服務及行爲，也就是軟體的部分。臺灣的殯葬制度法規特別就軟體服務方面加以規範，多少反映出過去三、四十年間，此一行業快速成長卻無法可管的窘境。

對於可以分爲硬體與軟體的殯葬設施及服務，本書列爲資源管理課題，將在第七章詳細討論。本章僅從行政管理角

度，對管理硬軟體的制度法規加以考察。以日本為例，雖然
其殯葬法規已適用半個多世紀，但人民的作法卻不斷推陳出
新；像一九九○年代便大力推展生前契約，全國火化率幾乎
達百分之百，而葬法更是多樣化，甚至出現將骨灰放上太空
的「宇宙葬」等。日本的殯葬法規先由中央制定，再授權地
方政府擬具相關規定。值得一提的是，他們在法律一開頭便
強調「**配合國民之宗教情感**」，並彰顯「**公共衛生及其他公
共福利之立場**」，由此可見其對殯葬衛生、殯葬管理以及殯
葬文化三方面的無所偏廢。此外，日本不允許宗教團體經營
殯葬設施，目的是為了防止牟利；但鼓勵公辦民營，以服務
社會大眾，這些都是我們可以學習之處。

　　再看大陸的情形，他們的法律清楚表明「**加強殯葬管
理，推進殯葬改革，促進社會主義精神文明建設**」的目的，
而整個〈殯葬管理條例〉，以及依此制定的北京市與上海市
等地方性法規，皆依據上述目的務實地規範殯葬管理，相當
簡單明瞭。大陸實施社會主義市場經濟，政令較易落實，績
效則通過市場機能反映出來。當然由於城鄉差距甚大，凡事
不能一概而論。不過我們也不能忽略大陸已出現一億人左
右、月入五千元人民幣以上的中產階級，其對於生活品質的
要求，無疑會影響及各行各業的改革創新。像大陸推動殯葬
改革最具成效的地方正是上海市。上海為中國最早由國外引
進殯葬業的城市，殯儀館在十九世紀末葉即已出現於洋人租
借區，可說開風氣之先。近年上海市民政局連續舉辦兩屆
「國際殯葬論壇」，邀請全球各地學者專家共襄盛舉，同樣體
現出改革的先機。

三、本土轉化

　　同屬歐陸法系的臺灣殯葬法規，在制定時強化服務管理的軟體部分，乃是特別針對在地的殯葬亂象而發。事實上，內政部於一九九八年所擬的〈墳墓設置管理條例修正草案〉，僅建議將法規修正為〈殯葬設施設置管理條例〉，並將原先條文由三十二條增訂為四十條，但仍完全就硬體設施而論。然而四年後制定公布的〈殯葬管理條例〉，卻屬完全嶄新的法條；正如該條例總說明所言：「無論法案精神、架構或條文內容，均已作巨幅變革，……因此本條例草案採制定新法方式……。」而對新法制定的理念，亦有言簡意賅的說明：「為配合建設臺灣為綠色矽島之願景，應在人文生態、知識經濟發展及社會公義之架構理念下，規範殯葬設施、殯葬服務及殯葬行為。」新法對於殯葬服務及行為的規範，包括兩個專章外加罰則，共計二十五條，約占整個法規三分之一篇幅，足見其對軟體改革重視的程度。

　　臺灣的殯葬法規特重服務及行為之規範，理由無疑是在地相當流行禮儀民俗，繁文縟節令消費者莫名所以，乃予不肖業者可趁之機；再加上過去的法規不夠周全，執行亦顯得力有未逮，始見法規的大幅推陳出新。〈殯葬管理條例〉共歷經三年草擬方塵埃落定，在這期間有兩任民政司長為文提示立法重點，可視為中央的殯葬政策大要，我將之歸納整理成為十二點：

- 殯葬政策法制化
- 宣導火化塔葬
- 端正宗教禮儀
- 以公權力取得公墓土地
- 將殯葬服務導向精緻化
- 由量的增加轉變為質的提升
- 由管理轉變為輔導與服務導向
- 運用民間資源以減輕政府負擔
- 硬體管理與軟體管理並重
- 轉化鄰避運動為迎毗效果
- 保留因地制宜的彈性
- 管理技術應有成本分析

這十二點所蘊涵的改革精神，已體現在新制定的法規當中。

平心而論，新制定的〈殯葬管理條例〉，的確是一份高瞻遠矚的法規，顯示出公部門在行政管理上，已經能夠突破既有窠臼，進行全面的改革創新。像一九九八年的修正草案，僅強調：「提高殯葬行政效能、健全殯葬設施管理機制、加強殯葬設施管理、促進土地有效利用、加速公墓更新及加強濫葬取締效果等為原則」；到了二○○二年，則開宗明義揭櫫：「為促進殯葬設施符合環保並永續經營；殯葬服務業創新升級，提供優質服務；殯葬行為切合現代需求，兼顧個人尊嚴及公眾利益，以提升國民生活品質」。前後對照地看，可以清楚發現政府的行政管理思維，在上個世紀末還停留在硬體管理部分，至本世紀初則明顯強化對軟體管理的關注。時間雖然只相差三、四年，卻真正反映出一種跨世紀

的大步邁進。

　　新法兼及殯葬設施、服務以及行為三方面，與本書以殯葬衛生學、殯葬管理學、殯葬文化學三者，來建構臺灣殯葬學的大方向相互呼應，這點也在法規的說明中明白呈現：「擷取以人文為中心，環境保護及生態保育為上層，知識經濟發展及社會公義為支撐之架構理念，以期規範殯葬設施、殯葬服務及殯葬行為。」由於我們的殯葬法規明示「以人文為中心」，因此內政部議決，未來禮儀師進修所需的二十學分中，人文領域至少占一半分量，可說於法有據。本書第三篇建構殯葬文化學，將分三章討論歷史文化、思想文化和禮儀文化。「文化」在華人社會指的乃是「人文化成」，亦即憑藉大家的努力，制定文化活動，以教化世人。政府發揮公部門的行政管理功能，立法規範殯葬文化，相信可以逐漸達成移風易俗的效果。

　　〈殯葬管理條例〉最具創意的部分，應該是提出「禮儀師」的設置，並且對禮儀師可以執行的業務作出明確規定。禮儀師屬於「師」級的專業人員，理想上是與教師、醫師、護理師、心理師、社會工作師等位階相仿，可以平起平坐；現實上卻在推動過程中一波三折，困難重重。專業必須與行業有所區分；專業必然是一種行業，但並非所有行業皆屬專業。專業可以說是行業的更上層樓，西方學者歸納出，一門專業所具備的條件至少有六項：

· 一定期限的嚴格教育
· 教育內容的理論基礎
· 團體內部的同行認定

・從事專業的權威地位
・利他主義的服務動機
・同儕之間的強烈認同

內政部推動禮儀師證照制度，所碰到的首要困難，正是前兩項條件所要求的殯葬教育與殯葬知識問題。本書作為殯葬教育入門參考用書，希望對於突破困境有所助益。

四、綜合討論

「行政管理」與「經濟管理」的區分，通行於改革開放初期的大陸，如今已較少使用，取而代之的乃是「公共管理」與「企業管理」，前者在臺灣則多稱作「公共行政」。本書仍取舊說的理由是，殯葬管理同時適用於公部門與私部門，但是現今公部門也不純然以行政無礙為考量，照樣要顧及市場需求；因此將管理二分實屬方便法門，以示前者主政策制定，後者重經濟效益而已。政府在殯葬管理上所推動的行政管理措施，現今最受大眾矚目的，便是上述的禮儀師證照制度。此一制度的規劃，原本模仿社會工作師證照而設計，亦即受過專業教育得以參加國家考試，通過後獲頒專業證書始能執業。然而社會工作長期以來皆有專業系所在培育人才，專業化順利運作；反觀殯葬教育卻完全未具正規性，要想步上專業還有很長的路要走。

設置禮儀師並頒授證書以利執業，是臺灣殯葬制度法規上的里程碑，它的基本依據為〈殯葬管理條例〉第三十九條

中所列「禮儀師之資格及管理，另以法律定之。」該條在二
○○三年七月開始施行，內政部民政司則在同年十一月擬具
〈禮儀師法〉草案，明定禮儀師為「以殯葬禮儀知識及技
術，協助個人、家庭或團體處理殯葬事宜之專業人員」，其
必須是「經禮儀師考試資格，且具備中華民國九十二年七月
一日以後之殯葬禮儀服務業一年以上實務經驗者」，方得申
請核發證書。因為禮儀師考試屬於國家考試，照例由考選部
主其事，但是考選部在二○○四年六月卻指出：「國家考試
有一定之規範與體例，禮儀師證照制度之建制，其關鍵仍在
於專業養成教育之不足，各校開設之學分班乃至於推廣教育
……與正規養成教育並不等同，無法完全取代正規教育功
能。」問題於是又轉向教育部。

　　事實上，二○○三年曾有臺灣科技大學和致理技術學院
兩所技職校院，向教育部申請設立殯葬科系，結果都被打回
票。至二○○四年六月，內政部只好無奈地表示：「現階
段，面對養成教育體系之欠缺，本部將行文教育部，政策性
鼓勵並推動於各大專院校開設殯葬禮儀科系。……禮儀師納
入國家考試仍有很長的路要走，本部擬先……與勞委會研議
舉辦技能檢定。」同年十月，內政部召集產官學各界舉辦公
聽會，大致定調先朝向由勞委會舉辦殯葬服務職類的技能檢
定，以示殯葬專業化所可能踏出的第一步。此番勞委會配合
的意願相當高，二○○五年三月其回應為：「各相關專業團
體、機構向本會提出申請技能檢定職類開發建議，本會除函
請目的事業主管機關與相關單位表示意見，如無意見表示贊
同，……即開發相關職類技術士技能檢定新職類……。」殯
葬業的目的事業主管機關正是內政部，雙方總算建立了共

識。

　　二〇〇五年春天，內政部密集地召開了三次會議，首先是三月中確認：「未來禮儀師證書由內政部核發，其資格取得要件爲『須取得殯葬服務職類技術士證』、『修畢殯葬專業課程』及『實際殯葬服務經歷』等。」其次爲四月上旬議決：「現階段建議開發技能檢定之職類名稱爲『喪禮服務人員』，並分爲甲乙丙三級。……因殯葬服務事涉專業，未來於技能檢定開辦後，本部將朝向『未經取得殯葬服務相關技術士證者，不得提供相關殯葬專業服務』修法，使之具有排他性。目前則配合禮儀師檢覈事宜，先修正殯葬管理條例第三十九條之規定。」最終則在四月下旬同意我所提出的殯葬專業課程設計架構，至少修習二十學分；其他要求還有：「於合法之殯葬禮儀服務業服務二年」、「禮儀師證書每四年換證一次，並應於四年內累積二十小時之在職訓練始得換證。」延宕兩年的禮儀師證照制度，自此走向完全嶄新的道路。

　　回顧從二〇〇二年中〈殯葬管理條例〉正式公布，至二〇〇五年中內政部大幅修正禮儀師資格取得方式，其中的折衝過程，多少反映出殯葬專業化理想與現實之落差。臺灣殯葬從業人員目前大約有三萬人，超過九成的學歷在高中職以下；也就是說，絕大多數業者根本無法報考專上程度要求的禮儀師國家考試。與其曲高和寡，倒不如務實地開發同屬國家檢定的技術士資格。尤其是丙級技術士，僅需國中畢業即可參加檢定；檢定內容且爲操作性的技能，而非觀念性的知識。如果全臺灣在數年之內，有三分之一甚至半數的殯葬從業人員，順利通過技能檢定獲頒技術士證，無疑具有相當的

指標作用，讓社會大眾清楚看見殯葬改革的成果。而在此種
基礎上進一步推動禮儀師證照制度，方有可能水到渠成。

結　語

　　要建構臺灣的殯葬管理學，首先要從行政管理方面討論
起，尤其是考察現行制度法規。涵蓋面十分周全的〈殯葬管
理條例〉，實施至今已有一段時日，其中最具創意的構想乃
是禮儀師證照制度。禮儀師類似美國的殯葬指導師，但是臺
灣的禮儀師主要從事禮儀服務，而非遺體處理。現職業者大
多擔任禮儀方面的工作，卻沒有資格考禮儀師；爲了顧及現
實需求，先從技能檢定取得技術士證，或許是一條可行途
徑。本章回溯了禮儀師證照制度改弦更張的來龍去脈，可視
爲公部門在行政管理方面折衝協調的最佳例證。未來殯葬專
業人員一旦具有排他性，則禮儀師及喪禮服務技術士，再加
上相關的公職人員，便構成殯葬管理全部人力資源。而殯葬
管理的良窳，即繫於這些專業人員的表現。

課後複習

一、西方人在啓蒙時期反思到政府乃是一種「必要的惡」，
　　並且發現市場機能則是一隻「看不見的手」。如今任何
　　公共政策都必須考慮政府與市場雙重因素，請據此考察
　　臺灣的殯葬政策。

二、海峽兩岸各有一套〈殯葬管理條例〉，大陸的法規幾乎完全著眼於硬體方面的規範，臺灣則用了將近一半篇幅來規範殯葬服務及殯葬行為，請問理由何在？

三、〈殯葬管理條例〉的架構理念係「以人文為中心，環境保護及生態保育為上層，知識經濟發展及社會公義為支撐」，請對此做出進一步的闡述。

四、禮儀師證照制度是頗具創意的良法美意，推動兩年來卻面臨一波三折、無以為繼的窘境，只好改弦更張，退而求其次，先從喪禮服務技術士著手，請概述其中的來龍去脈，並說明事態變遷的意義。

法理情意

三十年前我還是大學生的時候，有回放年假時打算到中部去探望女友，買不到對號票只好去擠普通車。那時候搭車就像今日大陸的情形，大家爭先恐後地拉住車門搶著上車，誰也不排隊。說也奇怪，我看見一對夫婦帶著一名男孩，悠哉地站在月臺上等車進站，還以為他們守規矩不跟別人搶；沒想到車一停妥，父親即抱起兒子，將他從車窗中塞入，然後再慢慢地上車。後來我看見有乘客在責罵小孩占位子，父親還兇狠地與別人爭吵。當年一般列車沒有空調，窗子是可以上下開關的，這名父親叫孩子爬窗進入占位也就算了，沒想到小孩是用躺著占位，一次占三個，難怪要挨罵，別說這又是父親教出來的。占位算不算犯法？好像只能算沒有公德心。倘若他只占一個位子呢？別人也許就不會說話，這或許就是當年的公共道德。

　　公德是針對損人利己的行為而論，如果不損人呢？前一陣我應邀去臺北福華開會用餐，把機車停在人行道上靠牆邊，出來後發現車上插了一張逕行告發單，十天後收到掛號寄來的紅單和相片，只好到超商繳交六百元外加手續費了事。事後回想起來，那片人行道十分寬廣，停車也不會礙到任何人，結果至少有十幾臺機車跟我有同樣遭遇，理由無他，大家都觸犯了法條，必須受罰結案。法律不見得反映公德，卻是政府在執行公權力。以殯葬活動為例，住在都會區的人大概都有過一種經驗，那便是碰到人家在街道上搭棚辦喪事。基於死者為大的想法，許多人只好將就算了；問題是有些喪事一辦就是七七四十九天，首尾幾天還從早到晚吹吹打打，任誰也吃不消。過去無

法可管，只好靠喪家發揮公德心；如今依法僅能搭棚兩天，違反者則處罰三萬元以上。

　　華人相信「情理法」，人情優先，講理其次，不得已才訴諸法律。打完官司回家還要吃豬腳麵線壓驚去霉，不像洋人動不動就法庭上見。往好處想，重人情是華人特色，不過通常我們只對「自己人」講人情，這種差別待遇便會造成不公平的現象，而法律則是維繫公平正義的象徵和利器。社會進步和人民幸福固然少不了人情的自然流露，但是絕對需要法律來保障大眾的權益。過去殯葬業最為人們所詬病之處，即在於為所欲為，加上無法可管，小老百姓只好任憑宰割。如今法規已經齊備，但是我們更想推廣「為所應為」的觀念，希望業者能夠遵守公德、自我約束。進步的社會要靠大家來維繫，「法理情意」缺一不可。「意」是指落實「為所應為」的意志力；什麼該做，什麼不該做，自己分辨清楚，就不勞政府動用法律來執行公權力了。

第六章

經濟管理——事業經營

　　殯葬管理的經濟管理部分,涉及私部門的營利
事業經營管理活動,也就是一般常聽說的企業管
理。本章先介紹企業與管理所各自擁有的五種功
能,並以矩陣模式加以統合。接著再提出策略管理
的理念,作為企業主或領導者的重要職責,亦即為
組織開創遠景、提供願景的策略制定。為具體呈現
策略的前瞻價值,特舉一想像的在地例證加以說
明。本土化的殯葬服務在海峽兩岸可謂大異其趣;
對岸是政府承攬一切,我們是業者各憑本事。如今
殯葬業可納入社會性的服務事業,而與醫護、社工
等專業並列;但是否足以等量齊觀,則尚有很長的
路要走。為了讓殯葬業能夠脫胎換骨、更上層樓,
本章建議決策者應做出深遠策略思考,將關懷倫理
的人道精神和非營利事業管理的奉獻理想,一併納
入經濟考量之中。

引　言

　　殯葬管理學在經濟管理方面的課題，主要是探討殯葬業的經營管理。臺灣一般所指的殯葬業，即為私部門的民間業者，業者經營事業的目的便是營利，內容包括販賣墓地、塔位，以及提供殯葬服務。至於地方政府所開辦的殯儀館、火化場和納骨塔，則屬非營利的社會服務性質。殯葬業處理遺體的部分像醫療業，販售塔位部分像仲介業，推銷生前契約部分又像保險業；但總的來說，殯葬業乃是標準的服務業。雖然社會大眾對此一行業懷有成見，但一生之中終究少不了它。在日本它是第二大服務業，僅次於壽險業。臺灣曾有業者估算出，殯葬業年營利額高達八百億臺幣，但整個行業卻始終處於邊緣化、污名化的境地。為了正本清源、推陳出新，我們將殯葬業回歸為一門民生必需的產業，並嘗試為其建構適當的經濟管理模式。

一、背景知識

　　前章曾提及，「行政管理」與「經濟管理」的區分，是大陸在改革開放初期的觀點，以示管理活動的政治或經濟方面的考量。一般而言，政府施政當然有其政治考量，而民間營業則屬創造利潤的經濟考量。不過經濟考量並非光指實際利潤，也可能是一些無形的價值，例如「無後顧之憂」的安

全感等；像本書第二章所介紹的「計劃死亡」及「安養計畫」即屬之。由於經濟學的概念在前面已經討論過，本章將著重在管理學的介紹。管理學是一門中游學問，其上游社會科學知識與之最為相關的，有經濟學、統計學、心理學、法律學等。具備學理基礎的管理學發展至今，大約有一百年左右的歷史；它在二十世紀初期以工業管理肇始，至中葉則擴充至商業管理，七〇年代以後又見服務業管理逐漸興盛，這些都可謂事業經營的企業管理。

今日談管理學雖多指營利的企業管理，其實它的道理早已普及適用於非營利的公部門和第三部門之中。「第三部門」即指作為非政府組織的非營利事業。本書在現實中把殯葬業當作一般企業看待，但在理想上卻希望將其導引至像醫院、學校之類非營利事業的組織管理途徑。非營利並非指不營利，而是強調不完全以營利為目的，組織還必須背負一些社會公益的責任。這種公益責任來自殯葬屬於民生必需的行業，社會大眾不能沒有它。有人或許會認為，餐飲業也是在解決民生問題，卻可以完全以營利為目的；但是餐飲其實並非民生必需的行業，因為人人都可以自行料理飲食而不必光顧飯店。相形之下，至少現今住在都會區裏面的大部分人們，難以自行料理家人的後事，所以無論如何都會光顧「總有一天等到你」的殯葬業生意。

現實中臺灣殯葬業的真正問題並非企業化，而是不夠企業化。企業獲取利潤是天經地義，但必須取之有道，起碼要守法和繳稅。偏偏過去殯葬業至少在經營服務方面無法可管，再加上業者多為小型葬儀社，不具管理理念及規模，與客戶交易往往屬於地下經濟，賺多賺少只有自己心知肚明。

如今的情況則大不相同，首先有〈殯葬管理條例〉在規範硬軟體各方面，其次大型業者也應運而生，而專業化的趨勢亦迫使傳統業者尋求轉型之道。於是我們可以說，當前臺灣殯葬管理的重點在於經濟管理，亦即企業管理。唯有當殯葬業像其他行業一樣，大幅轉型為企業組織，落實經營管理，社會大眾才有機會得到較佳的服務品質。殯葬業為消費者料理後事，其最高境界是為消費者創造「無後顧之憂」的價值感，從而得以永續經營發展。

企業管理的目的不是在短線獲利，而是要永續經營。用最簡單的話講，管理的作用乃是「善用有限資源，使其產生最大效益」。至於管理的基本任務，根據著名美國管理學家杜拉克（Peter Drucker, 1909-2005）的說法：「提供工作者所需的共同目標、共同價值觀、適當的結構，以及持續的訓練與發展，促成他們共同創造績效，並對變革作適切的回應。」為達成此任務，學者將管理依企業功能和管理功能各自劃分，再形成一個矩陣式的模式。企業功能有生產、行銷、財務、人力資源、研究發展等五大方面，管理功能則分規劃、組織、任用、領導、控制等五個部分；而矩陣模式即指像行銷或人事等部門，都必須體現出各種管理功能。依此類推，完整的殯葬企業組織就應該具備上述五大部門，且每一部門皆需要落實管理的五項功能。

管理可以按「企業功能」歸類，也可以依「事業性質」區分，這些都已見諸當前的大學系所；前者像行銷與物流管理系、財務管理系、人力資源管理研究所等，後者如傳播管理系、餐飲管理系、醫療機構管理研究所等。數年前，我曾經推動規劃設立「生死管理學系」，並希望納入管理學院之

中；後來還眞的曇花一現，只不過列爲人文科系，且次年即被改名。嚴格說來，生死管理不算企業管理，而屬於資源管理，就像資訊管理、藝術管理一樣；殯葬管理才是眞正的企業管理。可是在現實環境中，大學設系倘若直接稱作「殯葬管理學系」，阻力無疑會很大，連「生死管理」之說都不見得討好；甚至曾經有學校申請成立「生命事業管理系」，還是過不了關。足見在臺灣，人們對殯葬相關事務的成見有多深。

二、發展現況

　　不像公共行政著眼於政治性考量，企業管理所做的乃是經濟性規劃。規劃在管理五大功能中居於首位，有了妥善的規劃，後續的功能方得以順利發揮。事實上，連官僚體制下的公共行政，也少不了要以規劃起頭；所謂「行政三聯制」，即指計劃、執行、考核，其中的計劃便是規劃。不過在企業管理的脈絡內，各部門主管爲完成組織任務進行規劃固然重要，企業主或領導者的總體策略觀點，才是整個組織賴以生存的核心價值。落實策略觀點的第一步正是策略規劃；策略規劃屬於策略管理的一環，而策略管理的目的乃是提出企業政策。在上一章中我們論及公共政策；政府各部門依組織分工，釐定服務人民的各種公共政策，像訂定殯葬政策，即是內政部民政司的職責。公部門的公共政策一旦制定，相對的私部門領導者，就有必要依此構思適當的企業政策。

　　對組織領導者如何制定企業政策以落實策略管理，管理學者司徒達賢曾作出簡單扼要的說明：「在決定要『如何做好一件事』之前，必須先決定『哪一件事才是真正值得投入的重點』，……組織資源有限，因此資源（含高階主管的時間與注意力）必須針對當前的重點集中運用。」為了選擇值得投入的重點，領導者要從事策略分析；有一種稱為「SWOT分析」的方法，經常為做決策的人所運用。此一方法分為兩部分，一部分是分析組織內部環境中的「優勢」與「劣勢」，另一部分則是分析組織外部環境中的「機會」和「威脅」。內部環境屬於主觀條件，可以操之在我；外部環境屬於客觀形勢，往往成之於人。不過事情往往並非如此絕對，企業管理其實是一系動態的歷程，不管是內部還是外部環境，能夠進行策略思考的領導者，大多表現出「運用之妙，存乎一心」的境界。

　　要做好策略管理，其思考是有一定的方向，司徒達賢用通俗的說法來描述策略如何制定，它包含四個階段：

- 檢討現在企業是什麼樣子？
- 將來想變成什麼樣子？
- 為什麼要變成這個樣子？
- 今天應採取什麼行動，才可以從今天的樣子變成未來理想樣子？

策略制定大致上以十年左右為期，最長不能超過十二年；因為時間過於長遠，變數太多而難以預估。十年策略所訂出來的屬於遠程計畫，四到六年為中程計畫，一至三年則為近程計畫；每套計畫中各有清楚的目標，依目標擬具執行方案逐

步落實。過去大家所聽說的「十二年國建」、「六年國建」等，大致即指遠程或中程的國家建設計畫。只是列入六年國建的十二條東西向快速道路，至今修了十五年尚未全部完工，由此可見，連中程計畫執行起來都很吃力。

當然微觀或個體經濟下的公司經營管理，不能與宏觀或總體經濟上的國家公共建設相提並論，但是對於策略規劃制定的需求仍屬一致。當我在二○○一年為空中大學製作「生死學」一科教學節目時，曾構想以殯葬公司的發展為例說明。大家可以想像一家殯葬公司目前屬於地方性業者，主要經營納骨塔和墓園。在策略規劃下，三年後希望服務據點普及全臺，並以公辦民營方式接手殯儀館，同時向後整合經營養老院及安寧院。六年後計劃涉足保險業和醫療業，且將事業範圍擴充至大陸及海外華人地區。這套事業發展構想絕非空穴來風，事實上，目前已有一些中大型公司在朝上述方向開展。當然著重點各有不同，也許集中在局部目標全力以赴，但也足以讓我們看見，臺灣殯葬業的未來展望的確無可限量。

自從〈殯葬管理條例〉在二○○二年中正式公布、一年後全面實施以來，雖然對於傳統業者產生極大衝擊，但也令社會大眾看見，殯葬改革已經露出一線曙光。臺灣的殯葬業走向企業管理的經營形式，雖非一蹴可幾，但絕對有可能循序漸進、更上層樓。就在殯葬從傳統行業轉型為現代專業、業者心態從謀生職業提升為服務志業之際，本書願藉著建構臺灣殯葬學之便，向讀者引介一些另類思維，以賦予殯葬更豐富的深度及更人道的精神。簡單地說，我們寄望殯葬業在走上企業管理大道之後，能夠容納一些非營利事業的經營理

想。此外，當殯葬業者在進行投資報酬、投入產出、勞動生產等利己經濟考量時，也能把人類社會中的關懷照顧利他行為一併列入反思。畢竟殯葬業處理的是每個人一生中都必須面臨的死亡事件，人間關愛在其中乃是不可或缺的重要因素。

三、本土轉化

同樣為華人社會，大陸可以說幾乎沒有殯葬業，他們有的乃是各地民政部門集殯儀和喪葬於一身的「一條龍」式為人民服務。以殯葬服務最先進、最發達的上海市為例，民政局所屬的「上海市殯葬服務中心」，乃是集殯儀、火化、墓葬、骨灰寄存、壁葬、海葬、奠祭服務、殯葬用品生產和銷售為一體的大型殯葬集團。依據大陸版的〈殯葬管理條例〉規定，「殯葬管理的方針是：積極地、有步驟地實行火葬，改革土葬，節約殯葬用地，革除喪葬陋習，提倡文明節儉辦喪事」，再加上「縣級以上地方人民政府民政部門負責本行政區域內的殯葬管理工作」，可以看出大陸上融殯葬服務與殯葬管理為一爐，形成球員兼裁判的社會主義市場經濟，用以「促進社會主義精神文明建設」，是相當有中國特色的。

由政府掌控民生必需行業的作法，以前在臺灣也曾經出現過，但並不包括殯葬業。嚴格說來，臺灣殯葬業大規模地興起，大約只有三、四十年光景。一九六〇年代，臺灣由農業社會向工商業社會轉型，大量人口自農村外移至城市，身分從農民變成受僱的薪水階級，勞動也不斷分工，人們的後

事遂不再是農村鄉里居民的互惠活動，而成為都市中新興的分工行業。只是此一行業涉及死亡，在有所忌諱的華人社會，為大多數人所不願觸碰，便予不肖分子可趁之機，結果便使之迅速被邊緣化和污名化。既然是「陌生人服務陌生人」，再加上無法可管，消費者權益可能完全沒有保障；這種情形直到對殯葬服務及行為有規範效力的法案出爐後，才算獲得了明顯改善。以下我們即針對法規條文的引申意義，就臺灣殯葬業的經濟管理部分加以考察。

〈殯葬管理條例〉第三十七條陳述：「殯葬服務業分殯葬設施經營業及殯葬禮儀服務業」，而在說明中進一步解釋：「殯葬設施經營業係指經營公墓、殯儀館、火化場、骨灰（骸）存放設施為業者；殯葬禮儀服務業指以承攬處理殯葬事宜為業者。」至於新法規範殯葬服務、落實殯葬管理的基本精神，則可見於第三十八條的說明：「為維繫殯葬服務交易之秩序，將殯葬服務業之規範法制化，明定經營殯葬服務，應向所在地之殯葬主管機關申請設立許可，辦理公司或營業登記並加入殯葬服務業之公會，俾利管理，並維持服務品質。」大陸學者王夫子指出：「殯葬服務業屬於第三產業，即服務行業，……這是我們的行業性質；殯葬職工是職業的治喪者，這是我們的社會身分。」由此可見，殯葬業理當列入服務業，並落實服務業管理。

人類生產勞動歷史久遠，由第一產業的農林漁礦，演進到第二產業的工業製造業，形成十八世紀的產業革命；再擴充至第三產業的服務業，則是二十世紀的事情；目前則有將資訊軟體業列為第四產業之說。一般將服務業分為十二大項：商業性服務、通訊服務、建築服務、銷售服務、教育服

務、環境服務、金融保險服務、健康及社會服務、旅遊相關
服務、文化娛樂及體育服務、交通運輸服務，以及其他像美
容塑身之類的服務等；殯葬服務依此可納入健康及社會服務
業之中，而與醫療、護理、社會工作等，具有關心照顧內涵
的服務活動並列。服務被視為一段過程或一種表現，而服務
業的目的則是為人們增加方便與愉快，以及減少不方便與不
愉快。殯葬服務不但要讓消費者感受到「無後顧之憂」，更
希望能夠「賓至如歸」。

　　「賓至如歸」的原意，是指「客人上門就會感到像回家
一樣親切」，可引申為「把後事料理得圓滿且自然而然」。這
點對早已形成社會刻板印象的殯葬業而言，並不容易做到；
但從另一方面想，形象原本不佳的行業，只要稍有改善開創
之舉，便可能予人耳目一新之感。事實上，近年來，臺灣大
型殯葬業者，競相引進國外的經營管理模式和親切服務態
度，已帶動中小型業者起而傚尤，使得行業形象逐漸改觀。
加上像臺北市政府已連續多年實施殯葬評鑑活動，也促使業
者產生見賢思齊的榮譽感和進取心，這些都是殯葬管理的具
體成效，也是殯葬改革的未來希望。殯葬業要想永續經營發
展，不能只把關注焦點放在利潤營收上，更重要的收穫乃是
無形的口碑；消費者口耳相傳的優良評價，才是業者最珍貴
的資產。

四、綜合討論

　　口碑所反映的正是顧客對業者的認同，這至少涉及「服

務品質」和「顧客滿意」兩方面。殯葬活動性質特殊，縱使現在有不少人願意購買生前契約，但畢竟大多數喪家辦後事，仍屬不得已而為之，其中鮮見力行「貨比三家不吃虧」的人。何況辦喪事有時間上的急迫性，不像辦喜事拍婚紗照，可以在一條街上精挑細選、討價還價，並要求附送贈品。雖然目前殯葬服務相關資訊已大幅公開，且能上網查詢；不過家中一旦有人去世，還是很難心平氣和地仔細張羅，此刻親戚朋友口耳相傳的訊息，就可能是唯一消息來源了。現實中每家都可能有人去世，倘若一家人委請殯葬業者料理後事，得到很妥善的服務，相信他會不吝將經驗傳達給有需要的親友知道。這種顧客滿意程度，是與業者服務品質相輔相成的，值得業者認真參考改進。

　　王夫子曾經分析道：「殯葬服務業是一門特殊的服務行業。其特殊性在於，所有的服務行業都是直接為生者服務，唯獨殯葬服務業的直接服務對象是死者（往生者），它的間接服務對象才是生者。由於殯葬服務歸根結底是滿足生者的心理需求，因而殯葬服務的更重要的對象仍然是生者。」這裏清楚表示，殯葬業處理的是死人，面對的卻是活人，而且是傷心且亟待關切的亡者家屬。由於必須滿足生者的心理需求，所以至少禮儀師的工作性質接近心理師、社會工作師，甚至是護理師，不應該完全從經濟管理的角度去看問題。當然殯葬業作為一門服務業，絕對不能與企業管理脫節，也就是要維持一定的經濟考量。不過經濟考量有許多種，資本主義和社會主義各有所偏；基於對於「關懷」因素的強調，我們有意向業界介紹一種另類的女性主義觀點。

　　女性主義觀點不是僅適用於女性，而是希望彰顯人性中

的陰性特質。陰性特質反映出每個人陰柔的一面，目的則是為了平衡社會上過分重視陽剛價值。陽性價值最佳代表即為「公平正義」的觀念，西方人數千年來都教導後代這是最高的價值，使得它成為法律的基本要求，也是民主政治的基石。公平正義確實是很崇高的價值，但是它並不等於全部；人性中還有些彌足珍貴而且待開發的價值，「關懷照顧」便是一例。美國有兩位女性主義學者，在一九八○年代發展出「關懷倫理」，這是一種相對於主流「正義倫理」的另類觀點，卻非常適用於像輔導、護理等「助人專業」。倘若殯葬業從事的是健康及社會服務，禮儀師就算得上是助人專業，也就有理由在講究正義的經濟考量外，多善盡一份付出關懷的社會責任。

正義觀點要求在法律政治經濟各方面人人「平等」，關懷立場則主張從心理、社會、倫理等方面注重「差異」。有些人天生就與其他人不平等，例如罕見病友、殘障人士等，因此有權得到更多的福利與照顧。重視正義是理性思考的結果，強調關懷則是情意體驗的產物；殯葬業者面對強烈悲傷的家屬，除了提供合理的服務水平外，還應該適時注入一些溫情的人間關愛。西方的女性主義經濟學者，看見無給的「家庭經濟」（亦即家政）在整個經濟論述中備受冷落，不平則鳴，乃提出應考慮給予合理的報酬。依此一理路進行逆向思考，則在完全經濟考量下的事業經營，似乎也有理由多承擔一些社會責任、多付出一份人道關懷，讓正義倫理與關懷倫理無所偏廢。對殯葬業而言，在營利事業的有給服務屬性之外，添增納入非營利事業的無給奉獻愛心，無疑是一條可行途徑。

　　非營利組織是公部門與私部門以外的第三部門，三者的差異在杜拉克筆下有著清楚的分判：「商界做的是產品或服務的提供，政府做的是監控工作。顧客一旦買到了東西，付了錢，覺得很滿足，商人的任務就算達成了。政府的政策如果推行得很順利，也就完成了自己的職責。但是非營利機構供應的既不是產品勞務，也非監控制度。……它們的產品是治癒的病患、學到知識的小孩……；總而言之，是煥然一新的人。」此處所指的是，作為非營利組織的醫院和學校，其實殯葬服務亦可作如是觀。如果禮儀師以妥善的遺體處理，和具有同理心的悲傷輔導，為喪家多所付出，則不啻是一種生命的再造、人心的重生。哀莫大於心死，悲傷哀慟固然屬於正常情緒表現，卻也可能對人有所傷害；站在第一線的殯葬業者，正好可以藉此把提供服務化為善作功德。

結　語

　　本書屬於建構臺灣殯葬學的初步嘗試，也是作為殯葬從業人員在職進修的參考用書，我乃希望在現實議題的討論中，納入一些理想觀點的提倡。把殯葬服務視為非營利事業，似乎言高和寡、言之過早；而大談人道關懷照顧，又彷彿紙上談兵、不切實際，但是這些努力正是提升殯葬業的社會位階之標竿。人們談及醫師便稱許其「懸壺濟世」，看見護士就讚美為「白衣天使」，碰到殯葬業者卻只想到是「賺死人錢」的一群。生老病死一線相連，為什麼提供生、老、病服務的醫護專業人員社會地位崇高，而提供死亡服務的殯

殯葬學
概論

葬人員卻落得如此不堪？爲了改善自身的社會形象，我們認
爲殯葬業決策者有必要做出更爲深遠的策略思考，「爭一
時，也爭千秋」，如此方能眞正永續經營發展。

 課後複習

一、企業功能有生產、行銷、財務、人力資源、研究發展等
五方面，管理功能則有規劃、組織、任用、領導、控制
等五項，請以自己所服務的企業組織加以印證。

二、策略管理是指在決定要如何做好一件事之前，必須先決
定哪一件事才是眞正値得投入的重點。請據此考察反
思，你所服務機構的領導者有否從事策略管理。

三、殯葬屬於第三產業的服務業，可列入健康及社會服務業
之中，與醫療、護理、社會工作等專業平起平坐，但在
現實環境中是否眞的如此？請加以評論。

四、學者認爲，殯葬服務歸根結柢是爲滿足生者的心理需
求。此與提供悲傷輔導的助人專業職責相互呼應，不能
完全從經濟管理的角度加以考量，你以爲然否？

同行無冤

　　身爲大學教師，參加學術研討會的機會很多，不免會跟同行抬抬槓，但是不太容易變成冤家。當然學術界也有派系路線之爭，但教師畢竟是獨立作業的專職，除非是身兼行政工作，跟別人產生利益衝突，否則每個人教自己的書，誰也不惹誰。所以在我的生活經驗裏，「同行是冤家」這句話，很少得到印證。直到有天我的一名學生病逝於醫院，他的殯葬業朋友熱心出面幫忙料理後事，卻被承包醫院太平間的業者擋在門外，只好靠邊站。後來這個殯葬業朋友，同時也是我的學生，跟我提及此一行業的叢林法則，令我大吃一驚。他提及在大園空難時，他曾到現場去搶遺體，而與其他業者大打出手，並謂此乃兵家常事。我雖然聽說車禍現場有搶遺體的情形，但從學生口中說出，仍舊讓我覺得不可思議。

　　臺灣的殯葬亂象，使我回想起九年前父親在美國去世後，在地的殯葬指導師以極爲專業的能力，加上非常敬業的精神，爲老父料理後事，帶給我們全家相當深刻的印象。家父晚年寄居在美西洛杉磯終老，當地華人甚多，加上同爲信奉佛教的東南亞移民亦不在少數，因此洋人殯葬業者甚至與佛光山西來寺合作，建造了一座納骨塔。而爲了料理東方人的後事，業者還聘請幾位亞裔禮儀人員任職，爲華人帶來不少方便。不過當年父親的後事，還是由洋人出面接洽。記得那是一名文質彬彬的年輕人，他邀請我們全家成員，在公司會客室長談了四個小時，只爲確認殮殯葬程序中的各種需求。由於墓園像公園，所有墓碑都平躺在地面，遠遠望去一片綠地，完全沒有墳場的陰

森景象。

　　基於這番與美國殯葬業者直接接觸的經驗，使我對西方人處理身後之事多了一層瞭解。父親的告別式是在園區教堂舉行，先前還有一段瞻仰遺容的時間；儀式完成後立即火化，並就近將骨灰罐下葬，真正做到殯葬一元化的境地。臺灣殯葬一元化做得較好的，大概是宜蘭縣的員山福園；那兒委請臺大城鄉與建築研究所的專家精心規劃打造，所以看上去的確不太一樣。臺灣地小人稠，不容易出現美國那種像公園般的大片殯葬專區；但是硬體設施無法與別人相比，軟體服務總有改革創新的空間吧！近年政府大力推動禮儀師證照制度，我身處其間恭逢其盛，很想盡力讓它順利完成；而我心中所想像的典型，正是那位年輕的美國殯葬指導師。不知道何時臺灣的業者不需要為了爭遺體打架，而是用最親切的態度為喪家提供無微不至的服務？

第七章
資源管理——硬體軟體

　　本章進一步探討民間部門在經營殯葬業時所面臨的資源管理問題。資源管理一般分為人、事、時、地、物五方面，落在殯葬業當中則包括硬體設施和軟體服務兩部分，〈殯葬管理條例〉對此共分為四章加以規範。在硬體管理部分，我們以提倡環保自然葬來減低鄰避效果；而在軟體管理部分，我們則贊成推廣生前契約以讓當事人未雨綢繆。由於法規中明確指示，無論遺體入土或火化進塔，殯葬設施都有一定使用期限，最終仍需回歸自然，我們乃據此反思從而肯定「環境保護」與「賓至如歸」兩種殯葬資源管理的核心價值。在現實環境中，殯葬設施及服務管理均面臨許多困境，本章嘗試找尋出困之路。宗教團體介入殯葬活動，是臺灣特有的現象，有必要通過宗教立法予以約束，並使殯葬和宗教個別走向自己的專業途徑。

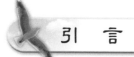

引　言

　　殯葬管理屬於特定事務的管理活動，就像醫護管理、傳播管理一樣，都涉及了硬體和軟體的管理。前文曾提及，對管理最簡單的解釋，即是善用有限資源，使其發生最大效益。目前所有人類都生活在這個地球上，而整個地球的資源終究有限，並非取之不盡、用之不竭。加上現今全球人口已達六十五億，僅華人便占五分之一；當每個人都希望運用周遭資源以改善生活時，管理活動便得以派上用場。管理一方面需要高瞻遠矚的策略思考，另一方面也需要穩紮穩打地運用資源；策略思考是決定哪些事情值得做，善用資源則是把事情做好、做對。談起資源的運用，一般多分為人、事、時、地、物等五方面來看；這其中「地」與「物」是有形的硬體，「事」與「時」歸無形的軟體，「人」則兼具兩種屬性。以下我們即據此來考查殯葬管理。

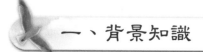

一、背景知識

　　〈殯葬管理條例〉共分為七章七十六條，除總則、罰則、附則三章外，其餘四章分別規範殯葬設施之設置、殯葬設施之經營、殯葬服務業、殯葬行為。根據第二條的定義，殯葬設施係指公墓、殯儀館、火化場、骨灰（骸）存放設施四者，而對最後一種則進一步說明：「除現行為民眾熟知納

骨（堂）塔外，爲利未來推動其他更具環保意義，貼近家屬感情或特殊之存放方式，爰將其存放設施統稱爲骨灰（骸）存放設施。」此處正反映出整個法規「以人文爲中心，環境保護及生態保育爲上層」的理念架構。本書在第二章討論殯葬的公共衛生議題時，即曾經引介環保自然葬的概念。如今在考察殯葬的硬體管理時，理當對環境保護的意義做深入的探討，並據此提倡諸如樹葬、花葬、海葬、拋灑葬等自然葬法。

　　要求世人從事環境保護的目的何在？一九七二年在瑞典斯德哥爾摩所舉行的「聯合國人類環境會議」，曾提出一份〈人類環境宣言〉，開宗明義即宣布：「人類既是他的環境的創造物，又是他的環境的塑造者，環境給與人以維持生存的事物，並爲他提供了在智識、道德、社會和靈性各方面獲得發展的機會。……人類環境的兩個方面，即自然和人爲兩方面，對於人類的幸福以及享受基本人權，甚至生存權利本身，都是不可或缺的。」這裏揭櫫的人類與其生存環境唇齒相依、命運與共的關係。人類破壞了大自然，生命將無以爲繼；大自然失去了人類，也就無法通過人心反映出意義。本書爲建構臺灣殯葬學的學理基礎乃是華人生死學，華人生死學主張「後科學、非宗教、安生死」，其根本思想則是融古典儒道兩家於一爐的「中國人文自然主義」。

　　源於西方的「人文自然主義」觀點，留待第九章介紹「思想文化」課題時再討論。此處大家只要瞭解，人文化成最終仍需回歸自然；引申來看，殯葬活動再怎麼講究，遺體終究還是會化爲塵土。倘若人們能夠對此有所領悟，則厚葬的習俗也就可以簡化爲「節葬」與「潔葬」了。華人所看重

的慎終追遠，是指慎重其事和源遠流長，而不一定要繁文縟節及大肆鋪張。在臺灣提倡節葬與潔葬，其實有著相當現實的原因，那便是活人與死人爭地。因為臺灣山林多、平地少、人口眾，加上風雨、地震各種不利因素，使得人們必須對居住環境斤斤計較；一旦人死也得占塊地，更激化了環境議題的炒作。在國外稱為「鄰避設施」之一的殯葬設施，於臺灣所面臨的抗爭可謂變本加厲，這其中多少有些排擠效應在內。

　　「鄰避」所反映的，乃是個人或社區為反對某種土地使用所表現出來的情結；像一些照顧植物人、智障者的公益團體，就經常面臨無處安身的窘境，而困擾多半來自社區居民的排斥與抗爭。城市居民的鄰避設施主要為火化場、殯儀館、公墓、垃圾場、屠宰場、飛機場、加油站、監獄等，其中殯葬設施的鄰避效果最為嚴重。社會大眾將死亡禁忌投射到殯葬硬體方面尚可以理解，但對於軟體方面也深具成見，就有必要加以心理建設了。有些人聞及死亡便心生排斥，更不用提跟殯葬有關的事物。這其實是一種非理性的死亡焦慮，多少可以通過死亡教育加以改善。問題是，在臺灣連「死亡教育」都得改成「生命教育」、「殯葬業」要稱作「生命事業」，才勉強讓人接受，由此可見問題的棘手。

　　要落實殯葬的資源管理，需要先對硬體和軟體兩方面加以正本清源。殯葬設施的核心價值，理當落在「環境保護」上；如果我們能夠把石碑墓園美化為森林公園，相信可以降低一些鄰避效果。至於殯葬服務的核心價值，我們主張應追求「賓至如歸」的理想。前文曾提及，殯葬服務的消極功能，至少要使消費者「無後顧之憂」；積極的努力目標，則

是讓人們領略到「回家」的感覺。西方人的治喪場所不叫「館」、「堂」或「廳」，而稱作「殯儀之家」，而死亡也的確屬於重回自然懷抱的過程。近年臺灣逐漸流行購買生前契約，這種後事服務合約在心理效應上類似人壽保險，予人一份安全感，被接受的程度也日益升高，連電視上都不乏感性促銷的廣告，看來死亡禁忌也並非真的牢不可破。

二、發展現況

　　環境保護的理念落實於殯葬活動中，即形成環保自然葬，其基本要求乃是遺體火化與非墓葬。在〈殯葬管理條例〉第十九條的說明中，對此有所闡述：「非墓葬之骨灰處理方式乃最能實現土地循環利用或重複利用，節省土地資源之殯葬方式。為配合綠色矽島之建設願景，力求環境之永續發展，……劃定海域或公園、綠地、森林等一定區域範圍，實施骨灰拋灑或植存。……骨灰拋灑或植存係於公墓外實施，故……不得施設任何有關喪葬外觀之標誌或設施，且不得有任何破壞原有景觀環境之行為。」對於一向講究「入土為安」的華人而言，這種作法可說相當前衛新穎。尤其是要喪家將親人的骨灰拋灑於大海或綠地後，不做任何標識，只在內心中默默悼念，對許多人來說著實不易揮灑自如。

　　想推行環保自然葬，首先要改土葬為火化。不同文化對火化有不同的接受程度，像美國為基督教國家，許多人相信死亡後還會復活，因此必須以土葬保留肉體，這使得美國的火化率只有四分之一。相形之下，戰後一代的日本人觀念反

而調整得很快，日本也是地狹人稠的海島型國家，使得政府積極推廣火化。目前日本的火化率幾乎達百分之百，不過他們基於宗教理由，還是希望讓骨灰入土或進塔，拋灑葬至近年才逐漸開展。至於華人社會的大陸，由國家領導人周恩來、鄧小平等帶頭實行拋灑葬，多少推動一些風氣；不過是以城市居民為主，鄉間觀念仍嫌保守，致使全國火化率僅有四成左右。在這方面，臺灣的近七成火化率可謂難得，既然在觀念上已有所突破，進一步擺脫對殯葬設施的需要，徹底回歸自然的作法，相信更有其揮灑空間。

殯葬的硬體部分不僅指設施，還包括遺體在內；正是因為要善待遺體，人類才發明了各式各樣的殯葬設施。有些葬式在現今看來不免令人嘖嘖稱奇，例如流行於長江流域的懸棺葬，還有藏人將遺體餵鳥的天葬等。不過回到現代化社會來看，臺灣的殯葬活動在硬體方面，已逐漸與西方的形式接軌，例如棺木、靈車、禮堂，甚至塔位和墓地的造型。社會學者葉啟政曾經指出，現代化必須和外來化、西化、全球化放在一道來看，方能把握其中真義，這點在臺灣加入世界貿易組織後，已經是無法阻擋的潮流。西方大型殯葬業者，終有一天會挾著雄厚的資金和先進的技術，合法地進入我們的市場，為消費者提供優質服務。而業者在市場開放的情形下，只有通過有效的殯葬管理，與各方對手展開硬軟體的公平競爭。

本章考察殯葬的資源管理，分硬體與軟體兩方面來進行探討。事實上，各種管理措施原本即是為有效地分配有限資源而設計；就人、事、時、地、物而言，唯有靠著人力資源，方能有效地展開對於地與物的硬體管理，以及事與時的

軟體管理。人力資源運用之妙存乎一「心」，「人者心之器」，人的各種作法大多來自其想法；想得到還不見得做得到，想不到肯定不會去做。這時候的殯葬管理就需要靠教育訓練；要教育員工，更應當教育主管及領導者。像現在全球化蔚爲趨勢，跨國公司舉目可見，外國保險公司已大舉進入臺灣，將來殯葬公司來臺營業並非難事，因此要如何因應此種變局，已成爲軟體管理的重要課題。臺灣殯葬業才開始學習如何走上企業化經營的道路，就已經感受到全球化的威脅，與其亡羊補牢，不如未雨綢繆，加速殯葬管理的腳步此其時矣！

　　以人力資源去管理硬體及軟體資源，繫於管理者心之所嚮，但整個管理活動複雜多變，無法在此一一詳述。本書寫作主要目的，既然在於初步建構臺灣殯葬學，因此只能就基本理念多予提示，至於如何操作的問題，則留待其他教材提供。總之，任何活動都離不開「大處著眼、小處著手」的原則，本書屬概論性質，所以只落在「大處著眼」層面。就大處來看，我們建議殯葬業者在現階段應從核心價值出發，以從事硬軟體管理。一如前述，具有較高理想性的殯葬核心價值包括「環境保護」和「賓至如歸」二者，由此衍生出「環保自然葬」和「生前契約」的具體作法；前者涉及地與物的善用，後者表現事與時的特性，可謂有效的資源管理。接下去我們就針對華人社會和臺灣在地的具體作法進一步考察。

三、本土轉化

　　面對一些以販賣墓地或塔位為主的業者，在此大談非墓葬的環保自然葬，不免顯得曲高和寡；但是請看〈殯葬管理條例〉第二十五條的規定：「埋葬屍體之墓基使用年限屆滿時，應通知遺族撿骨存放於骨灰（骸）存放設施或火化處理之。埋藏骨灰之墓基及骨灰（骸）存放設施使用年限屆滿時，應由遺族依規定之骨灰拋灑、植存或其他方式處理。無遺族或遺族不處理者，由經營者存放於骨灰（骸）存放設施或以其他方式處理之。」其條文說明則強調：「明定公墓墓基與骨灰（骸）存放設施使用年限之議決及使用年限屆滿之處理方式，以促進土地之循環利用，節約土地資源。」由於墓地或塔位都有經各地立法機關議決的使用年限，到期後均應改為自然葬，可見自然葬乃是業者必須正視的資源管理課題。

　　當然現在就要求社會大眾和殯葬業者全力推廣自然葬尚言之過早，不過由上述法條內容可以看出，其中仍有階段性應達成的任務。華人一向講究「入土為安」，而臺灣部分閩客居民則有撿骨再葬習俗，這便屬於兩種不同階段的葬法，值得進一步推廣。普通的棺葬係使遺體平躺入土，占地較大；五至十年後將骨骸自棺內取出清洗，再放入直立的甕中以便再葬或進塔，所占面積自然較小。但是無論墓地或塔位，總有滿載的一天，政府立法的用心就是讓有限硬體資源能夠輪流使用，像臺北市即規定輪葬期限為七年。雖然現在

仍可看見業者在銷售有產權的墓地，卻畢竟數量有限，且無以為繼。倘若未來大家都要接受輪葬，為何不及早選擇以樹葬、海葬、拋灑葬等自然葬的方式料理後事，以免讓家屬費心呢？

不讓家屬費心的作法，除了選擇一勞永逸的自然葬法外，尚可以購買生前契約的方式，預先決定自身後事處理的細節，以免為家人添麻煩。內政部曾於一九九九年委託法律學者，對製作納骨塔使用及殯葬服務的定型化契約範本進行研究。當時學者已就殯葬服務部分提出兩種範本草案，即一般契約和生前契約；前者由亡者家屬與業者簽訂，後者則可由當事人於生前跟業者洽商。有人認為任何契約皆在生前簽訂，因此建議把後者改稱「往生契約」。不過若是從殯葬服務的脈絡看，生前契約凸顯生前購買的特性並無不妥，反倒是「往生」二字為佛教用語，使用在其他宗教信徒身上值得商榷；即若從寬表示死亡之意，則又無法區分死後洽購與生前預購的殯葬服務契約了。因此本書仍採「生前契約」一詞作為討論對象。

生前契約的法定名稱為「生前殯葬服務契約」，其定義為：「指當事人約定於一方或其約定之人死亡後，由他方提供殯葬服務之契約。」進一步規定則見於〈殯葬管理條例〉第四十四條：「與消費者簽訂生前殯葬服務契約之殯葬服務業，須具一定之規模；其有預先收取費用者，應將該費用百分之七十五依信託本旨交付信託業管理。」內政部對所謂「一定之規模」的要求包括四點：「一、具備殯葬禮儀服務能力之殯葬服務業。二、實收資本額達新臺幣三千萬元以上。三、最近三年內平均稅後損益無虧損。四、於其服務範

圍所及之直轄市、縣（市）均置有專任服務人員。」此外第三十九條還規定：「殯葬服務業具一定規模者，應置專任禮儀師，始得申請許可及營業。」這又使得禮儀師制度與生前契約銷售產生一定關聯。

當然上述有資格銷售生前契約的中大型業者，其所聘僱的專任服務人員，不見得就是專任禮儀師；加上禮儀師制度一波三折，離正式實施恐怕還要很長一段時間。不過生前契約畢竟已經在市面上販售，相關殯葬資源的軟體管理確實有其必要。從資源管理角度看，落實禮儀師制度屬於人力資源管理的一環，但目前這還是政府的責任。倒是由政府提倡的另一條法規值得一提，那便是第四十五條規定：「成年人且有行為能力者得於生前就其死亡後之殯葬事宜，預立遺囑或以填具意願書之形式表示之。死者生前曾為前項之遺囑或意願書者，其家屬或承辦其殯葬事宜者應予尊重。」條文說明則表示：「內政部為宣導國人超越死亡禁忌，於生前即勇敢主張未來死亡後之殯葬事宜，爰明定具體實施方式。」業者所推動的生前契約，若能與這項由政府宣導的作法搭配落實，將是最佳軟體管理的例證。

四、綜合討論

殯葬資源管理分為硬體實物與軟體事務兩部分，前者包括設備和遺體，後者包括服務和行為。外國和大陸的殯葬法規，主要屬於硬體管理的規範；臺灣由於軟體方面弊端叢生，只好立法加以約束。不過即使是法規齊備，還是可能出

現「上有政策，下有對策」的鑽法律漏洞情況出現。例如於硬體設施方面限制寺院廟宇附設，卻引來宗教團體遊說立法委員不斷施壓，政府在無可奈何的情況下，只好打算修法，以使得寺廟中的墓園和納骨塔就地合法化。至於軟體服務方面的生前契約販售，依規定要由大公司專人銷售，並將預付款交付信託；但有些契約似已淪為直銷商品，或將應收款轉為其他名目交易，以規避信託之責等。上述種種脫序現象，都使得殯葬管理問題變得相當複雜且棘手。以下我們舉一些實際的例證，以反思殯葬管理的出困之路。

〈殯葬管理條例〉在第七章附則中，有兩條引起業者不平則鳴的條文，即是第七十一及七十二條。前者指稱：「醫院附設殮、殯、奠、祭設施，其管理辦法，由中央衛生主管機關定之。」我曾為此受邀至衛生署開了多次會，最後經與會學者專家議決發布一份〈醫院附設殮殯奠祭設施管理辦法〉，其中載明該設施「係指區域級以上醫院之太平間，具有辦理奠祭之禮堂或化妝殯殮室之設施功能者」，且「不得設置於院區外」、「應與主要醫療作業處所有明顯區隔」、「以提供該院死亡病人之奠祭為限」。但母法對殯儀館的定義則為：「指醫院以外，供屍體處理及舉行殮、殯、奠、祭儀式之設施。」太平間執行類似殯儀館的業務雖不衝突，卻屬例外管理，不宜普及。但這項原本為使舊案就地合法的辦法，仍為新申請的設施保留了可能的餘地。

一樣引起爭議的條文見於第七十二條：「本條例公布施行前，寺廟或非營利法人設立五年以上之公私立公墓、骨灰（骸）存放設施得繼續使用。但應於二年內符合本條例之規定。」內政部且曾釐清疑義謂：「其立法意旨係為輔導寺廟

或非營利法人……如係未經依法核准設置、擴充、增建或改建者，予以二年……緩衝期間」，這同樣是為舊案就地合法所考慮的權宜措施，並不包括新設。但即使是加以改善，有些寺廟仍難以達到殯葬設施距離「戶口繁盛地區」不得少於五百公尺的要求，這是否意味必須停用或遷出呢？問題似乎仍然膠著。不過目前政府已在制定〈宗教團體法〉，其草案有一條規定：「宗教團體於本法公布施行前，已附設滿十年之納骨、火化設施，視為宗教建築物之一部分。但以區分所有建築物為宗教建築物者，不適用之。」其用心還是在讓原有設施合法，而非同意新設。

醫院附設殯儀設施，難免予人肥水不落外人田之感；寺廟設立殯葬設施，更造成與民爭利的印象。但是殯葬活動處處充滿商機，任誰也不會輕言放棄，既有設施要求就地合法，新設部分也儘量卡位。看來殯葬管理的確相當難為，且涉及的不止殯葬業者，還包括醫療業與宗教團體。當前區域級以上醫院，有不少在太平間內附設禮堂者，但多已交給殯葬業者承包業務；反倒是寺廟設立納骨塔，有大張旗鼓之勢。平心而論，宗教法人有意從事殯葬業務，只要依法申請、按時繳稅，也是功德一件，無奈臺灣的宗教團體並非個個潔身自好，且因無法可管而良莠不齊。比規範殯葬業還要嚴重及迫切的情況是，眼前唯一對宗教團體具有規範性的法律，竟然為近八十年前訂定、於一九二九年頒布的〈監督寺廟條例〉，著實不可思議！

討論殯葬資源管理，居然涉及宗教團體介入的情事，不但是臺灣特有的現象，而且呈現「剪不斷、理還亂」的紛雜局面。若說寺廟為作功德而替信徒料理後事，倒也無可厚

非，不過真正的情況恐怕是寺廟賴此維生。尤其近年臺灣的宗教團體日益世俗化，亟待政府制定一套完備的〈宗教團體法〉來加以規範。奈何宗教界並非單一團體，而是宗派林立，加上東西方宗教觀點南轅北轍，想制定出為大家所普遍接受的法律，的確難上加難。不過萬事終歸起頭難，制定相關法律再辛苦畢竟已經起步，我們期待未來的「宗教師」，一如宗教學者江燦騰所建議的，定位為「專業的文化工作者」，並建立評鑑制度，就像禮儀師證照制度一樣。臺灣各大學已設有不少宗教系所，宗教師或較禮儀師更早步上正軌。但願宗教管理的起步，也有助於殯葬管理的落實。

結 語

本書為建構臺灣殯葬學的社會科學面向，乃以殯葬管理學為核心議題，並分為行政管理、經濟管理和資源管理三部分來討論；其中前兩者分別涉及公部門和私部門的殯葬管理，後者則依硬體和軟體兩種資源的運用，進一步考察私部門的管理活動。殯葬管理在臺灣是靠著一份二〇〇二年公布的法規而運作，這份法規對殯葬的硬體設施和軟體服務均有詳細的規範，但也顯出力有所不逮之處。像禮儀師制度遲遲無法推動，寺廟設立殯葬設施不易依法改善等，都反映出管理上的眼高手低。好在事情也不是沒有轉圜餘地，本章提出「環境保護」和「賓至如歸」作為殯葬硬軟體管理的核心價值，並列舉當前資源管理的困境和出困之路，希望結合環保自然葬和生前契約，為殯葬管理展現推陳出新的一面。

 課後複習

一、殯葬設施屬於鄰避設施，殯葬業則為邊緣化、污名化的行業，請問一個人要進入此一行業，必須做好哪些心理建設？他又可能在其中實現哪些理想？

二、以人力資源去管理硬體及軟體資源，繫於管理者心之所嚮。本書對此提出「環境保護」和「賓至如歸」兩種理念，作為殯葬資源管理的核心價值，請加以評論。

三、據報載已有大型宗教團體跟保險業者進行策略結盟，希望將人壽保險與生前契約連成一氣，讓信徒洽購。請問這其中是否有法律上的困難需要先解決？

四、臺灣的殯葬亂象有一部分原因出在宗教團體的介入，而宗教活動也幾乎無法可管。有學者建議應立法設置「宗教師」的職稱，並定位為「專業文化工作者」，你是否贊同？

入海為安

　　我在大學裏講授「生死學」通識課程已有十年之久，照例在學期末要學生繳交一份作業，就是他們的遺囑。對於這份功課，絕大多數同學都很認真地去寫，畢竟課是他們自己選修的，敢來選這門課的同學，相信會勇於面對自己的生與死。一般遺囑的內容至少包含四部分：告別親友、財產分配、子女託付、交代後事；年輕人尚未成家，子女託付可改為父母照料。我跟學生講，寫遺囑可藉機對一生做回顧，算是一種心靈洗禮和自我教育。同學們對此的參與程度甚高，有的人洋洋灑灑、鉅細靡遺地寫得十分豐富，還慎重其事簽名蓋章，有的更找了見證人簽署，幾乎可視為具有合法效力的文件。而遺囑內容最讓我感興趣的一點，就是有相當多的年輕朋友，選擇回歸大海的拋灑葬。

　　十幾二十歲的青年選擇海葬，或許夾雜了一些浪漫的嚮往，可是當我聽到高齡八十九的老母，不只一次提及她也希望將身後事付諸大海，就值得我認真考量了。海葬屬於環保自然葬的一種，其他方式還有樹葬、花葬、空中拋灑葬等。電影「麥迪遜之橋」結尾時，女主角的骨灰由橋上拋灑出去的一幕，已成銀幕經典。而以骨灰種樹、植花，也有重獲新生的象徵意義。不過要我自己決定，我還是會選擇海葬；對我而言，這是「與天地合其德」的最佳歸宿。然而我的生命情調比較偏向道家，天地之德在我看來理當接近自然之道。人死便屬自然之道的體現，病痛卻不必然是；我不怕死，但不喜歡受苦受難。至於後事只希望一切從簡，例如參加聯合公祭、火化後拋

灑入海等；但是這麼一來，只怕身邊的殯葬業朋友沒有生意可作了。

　　近年由於擔任臺北市政府殯葬諮詢委員，有機會藉著評鑑到處看看，同時也認識了一些業界的朋友，並且大致上瞭解北部都會區的行業生態。記得有一日接到臺北市社會局的邀請函，請我到淡水漁人碼頭參加海葬出航儀式。我對海葬有些好奇，本想專程赴會，無奈當天有課去不成。晚上看見電視新聞報導，說上午儀式臨時取消，下午改由家屬自行雇船出海拋灑云云，不禁覺得納悶。後來一問才曉得，淡水港歸臺北縣管轄，而北縣與北市對於海葬之事看法不同調，因此不同意北市官方在北縣辦活動，但是骨灰入海已是既定行程，只好由家屬私下成行。我對此事的看法是：環保自然葬既為中央立法提倡的作法，地方不妨攜手合作共襄盛舉，如此方能讓政府與人民互利共榮，殯葬管理始得永續發展。

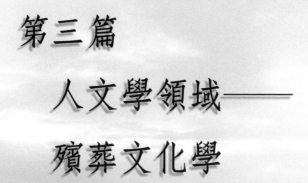

第三篇
　人文學領域──
　殯葬文化學

第八章
歷史文化——喪禮民俗

　　第三篇展開建構臺灣的殯葬文化學，首先針對
華人歷史文化中的喪禮民俗根源加以反思批判。
「文化」在中國代表「人文化成」，在西方意指「一
個民族的生活方式」，任何文化均可針對其觀念、
操作及實物等三種存在形態加以考察，殯葬文化亦
可作如是觀。本章依喪葬和殯儀兩方面來回顧華人
殯葬的歷史文化，由是發現喪禮民俗雖然源遠流
長，卻也為後人帶來不少傳統包袱。我們從而建議
保留「禮義」而重建「禮儀」，以求移風易俗、推
陳出新。由於臺灣的殯葬文化反映出漢民族講究
「引鬼歸陰」和「祭祖安位」的特別作法，大家理
當通過這些途徑進行改革創新，並將傳統內看重
「情、理、法」的趨勢，轉化為遵循「法、理、情」
的新局面。這也說明了在人文面向上，本土立場必
須向外來想法與作法多所學習。

　　本書第三篇將立足於人文學領域，考察殯葬文化學三個方面的議題：歷史文化、思想文化、禮儀文化。由於禮儀師專業教育把重心放在人文學領域，至少修習的二十學分中，有一半必須是人文課程。與西方國家殯葬教育著眼於公共衛生和經營管理相較，這多少反映出我們的殯葬活動，是深深地扎根在民族文化土壤中。以漢民族為主的中華文化歷史悠久，源遠流長，而且可以說歷久彌新，它對華人的潛移默化功能，就像基督宗教文化對西方人的影響一樣根深柢固。一般講中華文化多歸於儒、道、佛三家思想，有關思想文化的部分留待下章討論，本章先回到華人殯葬文化的歷史根源上去考察，也就是反思我們的祖先如何看待死亡，而傳統喪禮民俗又如何影響臺灣殯葬文化的硬體與軟體。

一、背景知識

　　「文化」是一個相當普及流行的概念，許多人都朗朗上口，卻不一定瞭解其中深意。文化人類學者李亦園對此有一段言簡意賅的解釋，值得大家認真體會。他說：「『文化』一詞，在我們中文的原意為『人文化成』，來自《易傳》『觀乎人文，以化成天下』一語，其意義在鼓勵人們發揮人文素養，提升道德精神，發揚藝術創造，並進而以這些人文的成

就來教導民眾、轉化世俗，使成為有文明而尊重人性的社會。」由此可見，文化指的便是人文活動，其根源來自《易傳》。其實「觀乎人文，以化成天下」前面還有一句話，即是「觀乎天文，以察時變」，「人文」乃與「天文」相對照。天文反映出自然變化，對人不無啟發，所以才有「天行健，君子以自強不息」之說；而孔子主張「盡人事，聽天命」，更是人文精神的彰顯。

　　不過現今人們口中的「文化」，主要是一個從英文翻譯過來的辭彙，它意指「一個民族的生活方式」，包括價值、信仰、行為規範、政治組織、經濟活動等，這些都是經過學習而非遺傳而來。文化可以分三種存在形態：觀念形態、操作形態、實物形態，殯葬文化即可作如是觀。就華人殯葬文化而言，「慎終追遠」是觀念形態、「行禮如儀」為操作形態、「陵寢墳墓」屬實物形態；其中前兩者可歸於軟體文化，後者則為硬體文化。殯葬在處理上雖有硬軟體之分，但實質上卻是相互通透的，畢竟殯葬活動的出現，還是繫於身體功能喪失所導致的死亡。但是華人世界卻十分講究「慎終追遠」，亦即對亡者和祖先都能盡禮敬誠。此處所反映出來的，便是一種善待死者亡靈的死亡文化。

　　由死亡文化所形塑的喪葬禮儀，是華人社會四種生命禮儀之中的一種。生命禮儀通常伴隨著一個人生命中所經歷的重大事件而來，根據《禮記》的分類，華人的四種生命禮儀為冠禮、婚禮、喪禮、祭禮，宗教學者萬金川詮釋其內涵包括：冠禮為莊重的成年禮儀，表示生命教育的初成；婚禮為神聖的婚嫁禮儀，形成生命繁衍的因緣；喪禮為慎終的喪葬禮儀，代表生命莊嚴的安息；祭禮為追遠的祭祀禮儀，象徵

生命薪傳的圓滿。此處與殯葬相關的禮儀乃是喪禮和祭禮。祭禮原本為宗教性的禮儀，但是華人主張祭拜天、人、地「三才」，因此祭天與地雖然歸於宗教禮儀，但拜祖先則可視為殯葬禮儀的延伸。人死為鬼，有子孫祭拜者即成為祖先，可以庇蔭後代；這種倫常關係的作用，也是華人獨特的死亡文化。

　　整個殯葬活動處理的是死人，面對的卻是活人。宗教學者鄭志明指出，漢民族認為人死為鬼，人住在陽界，鬼歸於陰間；陰陽兩隔，人鬼殊途。為了讓死者有個歸宿，也令活人得到安寧，除了將身體入土以外，也必須送鬼靈安抵陰間。「引鬼歸陰」遂成為喪葬習俗的核心，由此開展出複雜的繁文縟節。問題是華人喪葬處理的對象大多為父母，這當中即包含了孝道的表現，對父母生養死葬的態度，成為衡量孝道的標準。由於人們對鬼靈多少心生畏懼，偏偏鬼靈卻由父母轉化，因而造成心理矛盾。為化解困擾，乃有「祭祖安位」的權宜措施；此即將亡靈轉換成祖先，接受後人的祭拜。祭拜的方式是在家中設立神主牌位，將亡靈的一部分奉迎回家，此謂之「返主」。送葬是辦喪事，返主則是辦喜事，這其中蘊涵著深厚的倫理與人文精神。

　　殯葬活動主要即指殯葬文化的操作形態，它在華人社會中最明顯可見的特徵便是行禮如儀。中國古代禮儀共分吉、凶、賓、軍、嘉五大類，統稱「五禮」，喪禮屬於凶禮之一。由於《禮》包含在古老的「六經」當中，注重禮儀可說自古皆然，雖然後世偶有增減，卻始終未離其宗。喪葬禮儀作為華人社會生命禮儀的一環，正是通過慎終追遠的死亡文化，從而對整個社會在傳統道德、人倫親情、親屬家族、社

區關係等方面有所綿延與彌新。然而漢民族的殯葬活動卻又充滿著父系社會宗法體制的色彩，無論是在**直系與旁系、父方與母方、血親與姻親、長輩與晚輩、年長與年幼、男性與女性**等分際上，均以**前者為尊、後者從屬**，所有殯葬活動均依此而設，且常是晚輩服從長輩經驗而做，至於是否合情合理，並沒有多少人去思考。

二、發展現況

　　綜上所述，華人殯葬活動在歷史文化根源上的內涵非常豐富，但從現代去回顧傳統，卻又浮現出一些不合理的現象，好在如今殯葬改革已蔚為潮流，相信不久的將來會讓大家耳目一新。回到歷史文化的現代意義來看，作為殯葬文化實物形態之一的遺體，乃是整個活動的起點。遺體處理顯示出人之異於禽獸的重要分野，人們不會將同類暴屍荒野，而會採取入土為安的處置。事實上，「葬」字的解釋即為「藏」，就是「**掩埋屍體不使人見**」的意思。不過如今在安葬之前，還安排了瞻仰儀容的過程，並且事先進行防腐和美容的處置。殯葬專業人員對遺體所做的人性化照料，不但為家屬提供悲傷輔導的功能，也使得業者的服務品質與社會聲望有所提升。

　　墓葬習俗自古皆然，但仔細考察，「墓」與「葬」並非同一回事。「葬」的定義較廣，將遺體藏起來即是葬；「墓」則來自石器時代的「居室葬」，以洞穴為墓地以埋葬亡者。墓葬原本只見用土掩埋，後來才發展出以棺裝載遺體入土之

舉，包括木棺、石棺和甕棺等。墓葬習俗的目的是為保存遺體，理由則是因為人們相信亡者靈魂不滅。不過靈魂不滅也不一定要保存遺體，也有人希望消滅遺體。古人對於靈魂抱持「歸宿」和「遠行」兩種不同看法；前者相信靈魂會回返肉體，乃將之長期保存，例如土葬；後者相信靈魂已擺脫肉體羈絆而遠行，便將遺體視為多餘之物消滅了事，例如火葬。如果土葬予人入土為安之感，那麼火葬便表現了羽化登仙的飄逸，後者正是目前政府大力宣導的方向。

如今海峽兩岸的華人都不約而同地提倡推廣火葬，其主要動機還是基於硬體考量，亦即土地的取得與利用。大陸上由於土地公有，殯葬設施也大多為公營，但是在加入世界貿易組織後，便促使公墓業步向產業化，以因應國際性的競爭。近年大陸推行墓地建設園林化、藝術化，走的是關注人文的方向；這與臺灣提倡環保自然葬，走向節葬與潔葬的環境保護方向不盡相同，但多少可以互補。平心而論，天、人、地謂之「三才」，人既然無逃於天地之間，就應該學習如何頂天立地，並且與天地合其德。傳統文化常對自然賦予人文意涵，如今科學對自然的奧秘多所揭示，人們的確應該考慮將人文精神融匯貫通於自然情境之中。本書寫作的信念正是「中國人文自然主義」，其思想內涵留待下章再予介紹。

以上所討論的是殯葬硬體文化的歷史根源與發展現況，主要集中在「葬」的方面，即是對遺體最終歸宿的處理方式；至於軟體文化則指「殯」的方面，亦即入殮出殯的儀式。殯儀是一種禮儀，源自於古禮，再加上各地的民俗，形成紛雜多樣的形貌。漢人是相當好禮的民族，歷史上即使是

蒙古人和滿人入主中國，亦受到漢化而行禮如儀。華人社會的規範要求我們「發乎情，止於禮」，禮可視為情感的收斂功夫。禮具有節制人類本性的功能，而使社會維持和諧。中國從漢代以後就進入儒家思想當道的局面，儒家十分講究禮，《禮》作為「六經」之一，對禮的理念與實務有詳細的說明。而官方的禮法一旦落實到民間去，就會跟老百姓的生活習俗相融合，到如今華人的禮與俗幾乎已經分不清了。

　　根據禮俗學者徐福全的分析，禮有廣義與狹義之分；廣義的禮包括人類文化生活中一切典章制度與行為規範，狹義則專指一般的典禮和儀式。所謂「禮」必須具備三個要素：禮義——行禮的抽象概念、禮器——行禮的使用器物、禮儀——行禮的儀節秩序；喪禮通過喪服與儀節的運用，反映出五項深遠的意義和目的：盡哀、報恩、養生送死有節、教孝、人際關係之確認與整合。現代華人雖然無法依照古禮充分服喪，但披麻戴孝的基本作法仍然謹守，多少象徵著傳統的意義和目的依然被遵循著。殯葬活動主要是亡者家屬為當事人料理後事的過程，本質上乃是倫理的表現。倫理即是人倫的道理，傳統上「理」與「禮」相通。禮形之於外，所體現的便是人倫之理或天人關係。道理自古至今歷久彌新，禮儀卻可能隨著時代而有所改變。

三、本土轉化

　　人類悼亡儀式歷史久遠，可以回溯到七萬年以前。在今日歐洲大陸發現的尼安德塔人，曾將亡者置於地洞中，並灑

上花朵，這無疑是墓葬的遺跡。作爲悼亡儀式的喪禮，一方面對生命循環的身分轉換予以認定，一方面也對亡者確定了民族的認同。喪禮具備身分轉換的功能，通過喪禮表示一個人開始了另一階段的生路歷程。初民社會多半相信靈魂不滅，死亡並非生命過程的結束，而是生命形式的轉換。正是基於這種信念，喪禮才顯得有意義。時至今日，雖然科學仍無法證實靈魂之說確有其事，但是在人類共通的情感中，認爲生命沒有過去和未來，人生不免遺憾。這或許正是科學昌明的時代裏，信仰同樣興盛的原因。事實上，殯葬活動幾乎與信仰脫不了關係，而任何宗教或民俗信仰，很少沒有對人死後的去處或來世有所許諾。

殯葬文化的發展並非線性成長，而是迴旋揚升的，呈現出辯證的態勢。先民對亡靈的敬畏，產生殯葬禮儀和禁忌，形成喪葬器物和景觀。在歷史進程中，不同族群信仰的匯流，促使儀式和器物益加繁複，今日臺灣漢民族的喪葬禮俗，正是這種辯證發展的最佳寫照。任何一個民族的殯葬文化，除了可以自現象上從事科學分析外，還得以就意義面進行人文詮釋。意義詮釋乃是對表面現象的裏層本質加以發掘考察，屬於哲學性推理思考。在第一節中我們提到，鄭志明對臺灣喪葬儀式所做的人文意義詮釋。臺灣殯葬活動體現了漢民族鬼靈崇拜和祖先崇拜的信仰文化，可以歸結爲「引鬼歸陰」和「祭祖安位」兩種途徑。漢人的歷史文化極其悠久，長期以來所醞釀的集體意識影響深遠，演變流傳至今，即成爲我們周遭的殯葬文化。

殯葬文化具有人文關懷的普同性與民族風俗的差異性；換言之，它是人類獨具的文化活動，卻在不同民族或群體之

間呈現不一樣的風貌。由於海峽兩岸華人社會長期分治，已出現文化分歧的現象。然而較之於其他國家民族的殯葬活動，各地華人殯葬習俗仍是彼此相通的。臺灣在農業社會時代，喪禮多由長輩指導，加上鄰居協助張羅，幾乎完全是鄉里成員的互惠活動，回饋則是一頓飯外加一條毛巾。一九六○年代以後逐漸邁入工商業社會，人口由鄉間往城市遷移，為出外人料理後事的葬儀社乃應運而生。由於經濟條件日益改善，生活開始講究排場，流風所及，喪禮變得浮華鋪張。殯葬文化至九○年代已顯得脫序，政府乃亟思改善之道；二○○二年〈殯葬管理條例〉立法通過公布施行，便是最具體的成果。

我們的殯葬法規較之其他國家或地區的同類法規，明顯對軟體管理十分著重，而軟體管理背後即涉及軟體文化。漢民族殯葬禮儀在前人的約定俗成下，早已發展成多樣的繁文縟節。臺灣是一個多神信仰的社會，原本是為慎終追遠目的所設計的禮儀，在多樣的形式之下，非但沒有提升靈性的崇高境界，反而流於社會的庸俗活動。要想推動殯葬禮俗的改革，還是得從人文方面著手，尤其是對人倫意義的重建，也就是通過對人際關係的重新定位與整頓，把殯葬禮俗簡化和淨化。比較可行的辦法，是由政府出面，邀集學術界、文化界和產業界的專家，將傳統殯葬活動加以正本清源、去蕪存菁，從而推陳出新。理想上若將宗教人士視為專業文化工作者，則宗教觀點也值得參考。

不過依現實情況看，臺灣的殯葬文化要想面目一新，與宗教事物有所區隔仍然相當重要。目前臺灣的內政部門掌管殯葬業務和宗教業務的單位，分屬民政司的禮儀民俗科與宗

教輔導科，正好避免讓人們將禮儀和宗教混爲一談。如果把殯葬禮儀的基本精神落實在倫理而非宗教上，較有可能移風易俗。例如由民政司委託專門學術團體進行禮儀簡化研究，再以公聽會方式，邀集文化工作者、殯葬業者，以及社會賢達齊聚一堂，討論批判學界研究出來的成果。如此集思廣益，相信可以開發出一系列較能爲社會大眾所接受的標準禮俗，而避免勞民傷財的弊病。總之，從歷史文化的視角看臺灣殯葬文化，我們建議大家循著「法、理、情」的順序反思並解決問題，以超越傳統上看重「情、理、法」所衍生的弊病。唯有如此，我們才稱得上擁有一個「富而好禮」的文明社會。

四、綜合討論

通過人文學領域的知識建構，以形成臺灣殯葬學最重要的面向，即是嘗試建構一套殯葬文化學論述，包括歷史文化、思想文化和禮儀文化三部分。其中歷史文化主要爲考察喪禮在中華文化脈絡中的發展過程和意義，可分爲硬體文化的「葬式」和軟體文化的「殯儀」加以探討。葬式的選擇牽涉到先民對於安頓靈魂的看法，殯儀的設計則延續古代各種禮儀民俗的傳統。鑑往以知來，溫故而知新，我們在此向大家簡單扼要地引介一些歷史文化的理念，是希望讀者瞭解眼前殯葬活動的長遠背景。至於下一章要介紹的思想文化，則爲呈現多元殯葬現象的深厚理念。有了歷史的長度和思想的深度，才談得上開創出一套推陳出新的禮儀文化。臺灣的殯

葬專業人員既然被稱作「禮儀師」，就應當接受傳統文化的薰陶，並有能力拓展出精緻的現代文化產業。

本書分別從健康科學、社會科學和人文學三方面，來建構適用於臺灣在地的殯葬學。臺灣殯葬學的指導綱領乃是華人生死學；以本土的華人生死學為標竿，在地的臺灣殯葬學建構方向始得以確定。由於殯葬活動具有強烈的文化性格，而文化指的即是一個民族的生活方式，所以在地的殯葬文化實根植於本土的死亡文化。值得一提的是，當殯葬學的健康科學和社會科學面向是由西化轉向本土化，我們卻主張其人文學面向應立足於本土並大幅向西方學習；尤其是道佛雜糅的繁複喪禮民俗，不妨多參考西方和日本的禮儀加以簡化和淨化。禮儀的簡化和淨化並非對古禮和先人的不敬，而是發揚禮義、改善禮儀。事實上，現今臺灣的禮儀可說是「禮」的成分少，「俗」的成分多；「俗」既然是民間的生活習慣，便非天經地義，而是可以與時漸進的。

我們的喪葬禮俗該朝何種方向改善？以下列出十一點供大家參考：

- 應待臨終病人斷氣再移鋪以減輕其痛苦
- 堪輿研究配合公墓制度以打破風水迷信
- 革除用擴音器誦經陋習以維繫公共安寧
- 縮短入殮後的停柩時間以維護公共衛生
- 革除焚化紙紮人偶陋習以保障公共安全
- 奠禮應保持莊嚴肅穆以示對亡者的尊敬
- 送殯花車數量應限制以免造成交通紊亂
- 出殯陣頭應革除以維繫孝道親情之真諦

· 對治喪事宜應多方瞭解以杜絕各種浪費
· 避免濫發訃聞以革新政風改進社會習尚
· 倡導火化塔葬避免浪費以有助環境衛生

　　上述十一項缺點並非空穴來風，而是政府的苦口婆心：它們全部取材於臺北市殯葬管理處於二○○一年編印的《天年服務手冊》中，所列有關喪葬禮俗改進建議。傳統喪禮操作的活動有五、六十種之多，有些已不合時宜，無法也沒有必要一一敘述。我們在此改採負面列舉的方式，將臺灣殯葬活動應當改進之處提示出來，使得社會大眾知所配合，進而尋求共謀改善。這許多有待改善的現象，意味著臺灣的殯葬改革還有很長的路要走。一旦軟體文化改弦更張，硬體文化也能面目一新。將殯葬文化分爲硬軟體來討論，只是爲了方便讓大家瞭解問題之所在。放大來看，有關人的生死論述，無不涉及一個稱作「身心問題」的西方哲學論述，亦即探究身體與心靈究竟是一元還是二元。千百年來哲學家並未完全解答此一難題，但是我們仍然可以從行動上實踐「身心兩全」的理想。

　　歷史文化悠久固然值得珍惜，但同時也讓我們背負了一些傳統包袱；到如今有的已經改頭換面，有的卻依然墨守成規。目前華人社會流行的不外婚禮和喪禮，即所謂「紅禮」和「白禮」。其中婚禮多半屬於爲年輕人辦喜事，打破傳統，幽默創新，只要不致傷風敗俗也未嘗不可；相形之下，喪禮則主要爲父母長輩料理後事，人們一向不敢馬虎行事，深怕背上「不孝」的惡名。但是當傳統俗化成爲不近情理的窠臼，就有必要加以揚棄。爲求移風易俗，本書建議全民共

創新穎的殯葬文化，這才是我們大家責無旁貸的歷史任務。中華文化標榜「人文化成」，充滿著人文精神。人文精神以人為本，在現時代的具體表徵即是「便民」。當政府已站出來提倡改革更新，老百姓更應該挺身而出，共襄盛舉才是。

結　語

　　大陸的〈殯葬管理條例〉第二條指示：「殯葬管理的方針是：積極地、有步驟地實行火葬，改革土葬，節約殯葬用地，革除喪葬陋俗，提倡文明節儉辦喪事。」我們的同名條例第一條揭櫫：「為促進殯葬設施符合環保並永續經營；殯葬服務業創新升級，提倡優質服務；殯葬行為切合現代需求，兼顧個人尊嚴及公眾利益，以提升國民生活品質，特制定本條例。」兩岸華人擁有相同的歷史文化，卻也同步地通過殯葬管理，以改革自身的殯葬文化。這並非偶然的巧合，而是反映時代與社會的需求，臺灣方面的需求尤其格外迫切。對於歷史文化的反思，使得我們得以把握眼前問題的根源所在；接下去考察華人殯葬活動所蘊涵的思想文化，將會讓大家更深入地理解問題的來龍去脈。

課後複習

一、就華人殯葬文化而言，「慎終追遠」是觀念形態，「行禮如儀」為操作形態，「陵寢墳墓」屬實物形態。請就身邊所見所聞，對這些文化的存在形態加以闡述。

二、華人殯葬文化的歷史根源，在硬體方面集中於葬式，在軟體方面則歸於禮法；葬式分土葬和火葬，禮法分禮義和禮儀。請對上述傳統加以現代詮釋。

三、臺灣殯葬活動體現出漢民族鬼靈崇拜和祖先崇拜的信仰文化，可歸結為「引鬼歸陰」和「祭祖安位」兩種途徑。請舉實例對此做進一步的說明。

四、臺灣的殯葬專業人員既然被稱作「禮儀師」，就應該接受傳統文化的薰陶，並有能力開發精緻的現代文化產業。你覺得理想臺灣殯葬產業的文化形貌為何？

開創歷史

　　站在二〇〇五年夏秋之交回顧，我講授生死學已有十年之久，而接觸殯葬議題也有七、八年光景。因爲在當年的銘傳管理學院教了兩年相關通識課程，使我有機會於一九九七年轉換跑道，前往南華管理學院創辦生死學研究所。當年國寶集團旗下的北海往生公司，在報紙上登了大篇幅的廣告，要求教育部允許大專院校設立殯葬科系，教育部的答覆則是根本沒有學校申請設系。我們得知此事，便主動聯繫北海公司，告知生死所已經開辦招生之事，並強調殯葬管理乃是所上四大重點實務課程之一，其餘三門爲死亡教育、臨終關懷和悲傷輔導，四者無所偏廢。適巧我的大學同班同學，任教於文藻語專的尉遲淦，與高師大黃有志及文藻鄧文龍等三位學者，正在爲內政部民政司從事殯葬議題的專案研究。爲了讓專家參與教學，我乃向校長龔鵬程教授推薦老同學在下學期來南華兼課，共同開創殯葬教育的新局。

　　因緣際會，尉遲教授次年便轉來南華專任，且接下我的職務，擔任第二任生死所所長。由於他將所學充分發揮，主動介紹研究生去高雄市殯葬所打工，結果事情上了報紙和電視，生死所從此一炮而紅，爾後更讓許多人認爲生死所就是殯葬所。當時在南華尚有一位擔任宗教文化研究中心主任的鄭志明教授，也對殯葬文化情有獨鍾，乃結合生死所的資源，在校內開辦「殯葬管理研習班」，三個月一期，接連辦了兩期，盛況空前，可謂臺灣殯葬教育的嚆矢。一九九九年九月和十月，「中華生死學會」與「中華殯葬教育學會」，便是在生死所和殯葬

班的基礎上應運而生、先後成立。那一年由於碰上九二一大地震，使得第三期研習班因而順延，至次年夏天辦完第四期而告一段落。

　　南華於一九九九年改名爲大學，主事者易人，原先濃郁的人文風氣逐漸淡化，一些參與殯葬教育的各方學者也先後離去，前往不同學校任教，卻又在二〇〇〇年以後，於華梵大學所興辦的殯葬管理研習班及學分班再度聚首。二〇〇二年〈殯葬管理條例〉出爐，規定未來業者要考授禮儀師證照方能執業，這使得大學推廣教育性質的殯葬課程，有了更開闊的學習市場。爲了滿足禮儀師必須具備專上學歷，華梵有系統地開辦了「生命事業管理學程」二專學分班，要求兩年內修習八十學分，後來有不少結業的學員在此基礎上，考取其他學系的在職專班，繼續攻讀學士學位。讓忙碌的殯葬從業人員有興趣、有意願到學校進修深造，算不算得上是移風易俗、推陳出新？姑且留待後人評斷。但我對自己有機會爲推動臺灣殯葬的歷史文化略盡棉薄，還是覺得與有榮焉。

第九章
思想文化——哲學宗教

　　本章在於建構殯葬文化學的思想文化部分，內容包括哲學與宗教兩方面。宗教和哲學分屬感性及理性活動，但均有可能提升至悟性層面。我們首先對「宗教為團體活動，信仰屬個人抉擇」加以明確分判，並指出華人社會的宗教信仰、民俗信仰、人生信念三者各有千秋；而即使是宗教信仰，也呈現「游宗」之勢。其實中華文化的骨幹包括儒家、道家、道教、佛教四種思想，正是哲學與宗教相輔相成。由於殯葬文化的宗教面向偏重禮儀操作，屬於下章的主題，本章乃集中焦點探討其哲學面向的可能發展。我們希望在此初步提出建構殯葬倫理學的方向與內涵，主要是朝應用倫理學方向設計，內涵則融匯中國古典儒道二家思想和西方存在主義及關懷倫理學哲理，以樹立殯葬專業之「道」。

殯葬學
概論

引　言

　　殯葬文化可以從縱向的歷史文化考察，也可以從橫向的思想文化反思；前者的目的是推陳出新，後者則是爲去蕪存菁。一旦我們對歷史上不合時宜以及思想上不盡情理的部分加以修正改善，便足以提鍊出符合當前需要的禮儀文化。與臺灣殯葬文化有關的思想內涵當然有其歷史縱深，但是我們在此採取的乃是「截斷眾流」的作法，僅就對殯葬活動有影響力的哲學及宗教思想加以考察。許多人常將哲學與宗教視爲一回事，其實二者可謂大異其趣。西方人主張哲學起於懷疑，必須根據理性實事求是，在精神上與科學同調；宗教則要求虔信，通過情感的洗鍊，達到心誠則靈的效果。一般而言，殯葬文化之中具有豐富的宗教色彩；但是要想移風易俗、改革創新，就必須從事理性思維分析。本章希望據此提出一套殯葬哲理供大家參考。

一、背景知識

　　人類心靈活動可以分作感性、理性、悟性三層次，其相對應的內涵則爲常識、知識、智慧三方面。理性並非與感性相對立，而是高度的感性；倘若感性是情意的直接發散，理性則是反思收斂的工夫，需要更強的情意方能達成。然而無論是感性還是理性，皆有機會辯證地揚升爲另一個層次的悟

性境地，從而得以讓智慧之光發揮出來。討論殯葬文化的思想文化面向，我們打算先從感性的宗教文化談起。把宗教歸入感性並非認爲它的層次較低，而是強調投身宗教乃是**感受性的靈動結果**，不必然要經過深思熟慮。平心而論，宗教原來即是給人信仰的，而非言說的或推想的，所以我一向主張在認知層面上，最好對宗教信仰**存而不論**，但是對宗教現象則不但要認眞考察，而且必須進行**理性分析與批判**。

　　研究宗教現象和活動的學問稱爲「宗教學」，創生於十九世紀後期的德國；此外並沒有研究宗教教義的宗教學，有的只是個別宗教各自的學說，像神學、佛學、道學等。當然各家教義也可以拿來做比較研究，但是這勢必要立基於某種立場；如果此一立場是非宗教的，便與教義無關。這裏顯示出我們在處理宗教議題時的困難，也就是信與不信的問題。人們常講「信不信由你」，指的正是信仰自由。所以我們在介紹宗教議題時，首先必須區別兩件事：「**宗教爲團體活動，信仰屬個人抉擇**」；一個人可以自願加入任何教團，也有權選擇不信教。華人社會不像西方世界，出現單一宗教獨大的局面，像臺灣即有**宗教信仰**、**民俗信仰**、**人生信念**等不同選項，其中尤以民俗信仰占了大宗，本書則希望提倡人生信念的抉擇。

　　人生信念指的便是個人賴以安身立命的人生哲學思想，其最大特色爲個別性與開放性。「**個別性**」在於尋求自我安頓，不必與別人唱和；「**開放性**」可接受自我批判，不必定於一尊，而「**定於一尊**」及「**與人唱和**」正是宗教信仰的最大特色。以此觀之，則臺灣特有的民俗信仰，在性質上近於人生信念而不同於宗教信仰。宗教信仰堅持對單一宗教團體

認同，此謂之「歸依」，佛教稱「皈依」。歸依後不得輕言放棄，尤其不應「改宗」，亦即改入其他教團。相形之下，民俗信仰乃具有民俗學者鄭志明所指的「游宗」性質，他對此詮釋如下：「華人社會……一般民眾對各種既存的宗教形式大多採游走的態度，較無『改宗』的信仰問題，反而採多元包容的文化態度，其信仰是與世俗社會緊密結合，繼承了傳統的價值理念與生活模式，呈現出來的是『游宗』的信仰形態。」

「游宗」概念對於臺灣殯葬學的建構，帶來頗有建設性的啟發意義。因為殯葬活動勢必會涉及宗教儀式，禮儀人員對此多少要有所瞭解和把握，不是照表操作、行禮如儀而已。為了體認其中深義，再聽一聽鄭志明的說法：「民眾就是『善男信女』，與各個宗教不必有契約式的入教儀式………。即『善男信女』是信仰的自由體，可以到處游走於寺院宮觀，重信仰的本質，忽略宗教的形式，是以混入世俗生活的方式來交接宗教，與宗教之間沒有組織的聯繫，只有信仰的往來，經由儀式的操作來各取所需。」倘若華人社會大眾表現為「輕宗教、重信仰」，則殯葬文化理當依此尋找活水源頭。臺灣的民俗信仰在官方歸類上，屬於廣義的道教系統；而道教信仰實源於古典道家思想，此與本書一貫立場有所呼應。

臺灣殯葬學的建構以華人生死學為指導綱領，我近年所建構的華人生死學，正是以古典儒道兩家思想為中心主旨，通過後現代轉化，開出以「後科學人文自然主義」為內涵的「後現代儒道家」新興思想，它具有「儒陽道陰、儒顯道隱、儒表道裏」的特質，其典型人格則是「知識分子生活

家」。社會上雖不必人人都要當知識分子，但是學做生活家
並非難事。生活家的本領是把人生看淡、看破、看開，從而
用無爲的方式過日子，並學做自了漢。這套人生哲理對殯葬
學的發展影響深遠；如果我們看不透、想不開，對死亡之事
拘泥執著，則環保自然葬的推行便會碰上很大阻力，而殯葬
改革的理想也就要大打折扣了。佛教講「萬法唯心造」、
「不種因，不結果」，任何改革都要從心做起，殯葬文化實有
必要在思想文化方面**大破而後自立**。

二、發展現況

　　當然萬丈高樓平地起，所有改革創新之舉均非一蹴可
幾，但是一定需要大刀闊斧地排除一些陳年弊病。〈殯葬管
理條例〉在世紀初應運而生，即起了重大的宣示作用。如果
此一法規能夠落實，會對三方面造成明顯的衝擊和改善，這
包括傳統業者、宗教團體，以及社會大眾。禮儀師的制度一
旦推行，將迫使傳統業者轉型，否則即面臨淘汰的命運。對
於殯葬設施的依法管理，將迫使宗教團體無法再渾水摸魚，
讓特權從此消失。而對殯葬行爲的規範，則使得社會大眾必
須移風易俗，不能再守舊因循。問題是這種大肆變革，勢必
會碰上重大阻力；像業者陽奉陰違，宗教團體遊說立委醞釀
修法，小老百姓則在「死者爲大」心理下睜一隻眼、閉一隻
眼等，都是當前明顯可見的現實。

　　「堅持理想，面對現實」、「取法乎上，得之其中」是我
們的因應之道。當今臺灣能夠讓殯葬學步入高等教育園地，

成為大學層級的課程，多少象徵著事業改革和文化創新的確大有可為。系列殯葬專業課程的開發與建構，一方面固然要對既有論述進行統整，一方面也應該提出新觀點。具有指標作用的入門課程「殯葬學概論」，主要的任務與其說是呈現舊形貌，不如說是提倡新思維。新思維並非我們的創舉，它其實早已體現在〈殯葬管理條例〉的字裏行間，亦即「以人文為中心，環境保護及生態保育為上層，知識經濟發展及社會公義為支撐之架構理念」，這些正反映在本書以健康科學、社會科學、人文學三大面向來建構臺灣殯葬學的用心。一旦肯定「以人文為中心」，則殯葬文化學的重要性便益形彰顯。

殯葬文化學通過檢視歷史文化以鑑往知來，未來應該發展出清新的思想文化和簡明的禮儀文化。我們心目中的清新殯葬思想文化最高境界，可以「清風明月，海闊天空」來形容。這種境界在目前一片渾沌的殯葬文化中難以尋得，只能通過對華人生死文化的重新發掘，始能得窺一二。大陸學者陳戰國指出：「中國傳統文化的骨幹是儒家、道家、佛教、道教，從本質上講，它們都是人生哲學、人生宗教。儒家、道家是哲學，它們主要討論人應該如何理解生命、安頓生命；佛教、道教是宗教，它們主要討論人應該如何理解死亡、對待死亡。……它們的立足點各自不同，對生死的理解和態度也不同，但是在最高層面上它們卻趨於一致，即都把終極關懷指向了天人合一，都能把人引導到一個超越生死的精神境界。」這兒點出了我們可以追求的人文境界。

上述四種中華文化的骨幹，其中道教是道家思想的創新，佛教則屬外來宗教的轉化。大陸歷史學者葛兆光歸納

出，中國知識分子對這些思想所認同的四項原則：「第一，關於『空』和『無』的本原思想，相信一切的終極本原，是佛道所說的擁有無限性的『無』，或空空如也的『空』。第二，應該有澹泊的人生觀念和自然的人生態度。第三，忠孝為中心的儒家社會道德觀念仍然是需要的。第四，善惡報應的天道觀念，這也是不可不信的。」既然中華文化包含有儒家、道家的哲學思想，以及道教、佛教的宗教信仰，華人生死文化也就應該圍繞著這些思想和信仰而發展。不過宗教信仰為殯葬文化帶來了「死後生命」的問題，這點直接影響及儀式操作的目的，值得進一步反思。

　　仔細考察，儒家和道家思想都不關心「死後生命」的問題，道教的最終目標則是追求「長生不死」，唯有佛教著眼於此。佛教講究「輪迴業報」，較之中國古代流傳的「善惡報應」觀念，帶給人們更重的心理負擔：後者只看一生一世，前者卻涉及生生世世，不免顯得無比沉重。對於死後生命或來世說，我的一貫看法為：「假如有來世，那便不是我；假如那是我，就不算來世。」人們如果能夠擺脫這些觀念的糾纏，則殯葬文化的簡化與淨化才有希望。由於殯葬活動接觸到的是，人心中最深沉的信念和感受，從業人員著實不能掉以輕心，而應該用豐富的人文修養和充分的人本關懷去加以疏導。一如醫護人員會對患者進行善意的「病人教育」，殯葬人員也可以適時對服務對象推廣移風易俗的理念，以共創殯葬文化新氣象。

殯葬學概論

三、本土轉化

　　討論殯葬的思想文化議題，在西方文化要落在死亡哲學上面看，在華人世界則以儒道兩家生死觀爲主。西方哲學中最直接論及死亡的乃是存在主義，而與存在主義相關，且能間接反思死亡奧義的則爲關懷倫理學。本章即嘗試通過「中體外用論」的方法學綱領，將西方的存在主義和關懷倫理學，與中國的古典儒道兩家思想加以融匯貫通，以建構一套適用於臺灣在地的本土化殯葬哲理思想。哲學思想來自理性思辨，此與宗教信仰根植於感性體驗有所差別。理性思辨的重要工具就是合乎邏輯的批判思考，它容許對問題加以合理地質疑；而宗教信仰則對信仰對象深信不疑，同時也不容他人懷疑。在這種情況下，我們打算只討論哲學方面的議題，而把宗教留給有緣人去信仰；不過宗教現象仍可納入哲學批判的範圍來考察。

　　本書的哲學觀點奠基於華人生死學，而華人生死學則屬華人應用哲學的一環。「華人應用哲學」可視爲後現代的「中國人生哲學」，其重點在於「應用倫理學」。近年大陸學者自應用倫理學出發，已經成功地建構出「殯葬倫理學」，他們發現：「以孝爲核心的殯葬倫理思想，指引著人們進行了千百年來的殯葬活動，也形成了中國社會文化中獨特的殯葬文化。然而當我們跨入二十一世紀的新時代後，回首沉思，卻發現千百年來形成的殯葬文化中，有許多方面已成爲新時代文化發展的羈絆……。傳統的殯葬活動中不符合現代

文明要求的內容必須摒棄，然而卻不能簡單地、一概而論地對待根植在民眾心靈深處的殯葬倫理觀念。」華人一向認為「百行孝為先」，如今我們可以像保留「禮義」而改革「禮儀」一樣，在保存「孝思」的前提下重建「孝行」。

　　「孝思」是指孝道的思想，這種源於古代漢族的人倫規範，後來幾乎影響及整個中華民族，至今未減其力量。孝道的重點乃是「無違」，這使得父母在子女面前成為權威，不得違逆，因此華人一向講「孝順」，以示下對上順從的重要。不過當今時代和社會均已快速變遷，「孝順」理當改為「孝敬」，以示彼此互相尊重和敬愛。孝道是儒家長期以來堅定維繫的德行，且早已內化為華人的生活方式，其核心價值即是「仁」。「仁」字拆開來為「二人」，指向人際關係的建立；傳統的人際關係分成「五倫」，但以表現「忠」與「孝」的「君臣」及「父子」倫最受重視。由於儒家的思想和作法，在西漢武帝以後成為官方正統意識形態，且深入民間影響至今長達兩千多年。當前的殯葬活動，在禮儀上雖然呈現道佛雜糅的形式，但是在精神上則深深反映出儒家孝道的內涵。

　　然而人類畢竟走進了後現代，在全球資訊流通、往來頻繁的情況下，華人社會不可能自外於世界，因此難以避免地會受到後現代的洗禮。「後現代」是個十足外來的西方概念，大約流行了四分之一個世紀，卻在本世紀初巧妙地為「中體外用論」提供了正當性。簡單地說，「後現代」係指「現代化之後」，而「現代化」的特色則為工業化和商業化。十八世紀產業革命帶來生產機械化，工廠成品不但量產而且規格化，以滿足民生必需。到了二十世紀後期，先進國家的

消費者已不滿足於一致性的消費，乃開始追求個性化、差異化、小眾化。此一趨勢在很短時間內向各方面擴散，終於在西方世界形成「肯定多元、尊重差異、正視局部」的認知及情意取向，而東方世界也在這種趨勢中，被西方人重新發現。

後現代思潮為人生帶來最大的啟示便是「海闊天空」，也就是可以打破傳統、追求多樣、不斷創新。以殯葬文化為例，同樣是華人社會，大陸上推動改革已略見成效，臺灣卻彷彿困難重重。當然對岸可以把傳統當作封建餘毒全部清除，我們卻必須通過民主循序漸進。好在當今民智已開，加上後現代風潮已深入民間，為改善既有作法提供了一定的助力。像前述，我們可以在保留「孝思」的情況下改革「孝行」，父母之喪只要莊嚴肅穆、善盡人意即可，沒有必要鋪張及厚葬。總而言之，臺灣的殯葬文化在全球化的衝擊下，不能仍舊停留在前現代，而應當順勢走入現代，並且同步地體現後現代。後現代雖指現代之後，但又能與現代無礙地並行不悖。華人社會在許多方面已經現代化，殯葬文化的改善卻還落後一大截，急起直追此其時矣！

四、綜合討論

我們的殯葬活動要轉變成像歐美國家那樣平易近人，恐怕不易達成；但至少也應該學習日本和大陸，把事情做得簡化和淨化。活動屬於「行」的部分，背後需要有適當的觀念支撐，以構成「知」的部分。一個民族的知與行交織成整體

文化生活，要走向精緻還是通俗則繫於一念之間。文化的精緻與通俗，並非對立而是互補；太精緻不見得人人能欣賞，太通俗也不見得人人能忍受。本書為建構臺灣殯葬學「局部知識」而寫，這是一種符合後現代精神的作法。作為入門教材，我的著眼之處在於殯葬文化的理念層次，也就是「知」的部分。因此思想文化的討論，可視為本書的重點工作。但是思想文化不能閉門造車。所以我還是回到民族文化的脈絡裏，在「中體外用」的綱領指導下漸次開展。

「中體外用」的提法，是百年前「中體西用」觀點的反思與深化；後者屬於民族屈辱下的次殖民論述，前者則為民族主體內的後殖民論述，兩者不可同日而語。「中體外用」講中華文化為主體、外來文化為應用，因此不反對思想文化的融匯貫通。問題是，宗教不可能融通，勉強進行對話都得小心謹慎，殯葬業者在這方面必須隨時請教專家。像有一回新加坡航空在臺灣發生空難，罹難者有不少伊斯蘭教的穆斯林，就讓業者不知如何處理。雖然回教徒在臺灣是屬於極少數的族群，其治喪活動多由教內人士料理，但業者對其過程卻不可不知，如此方能因應突發的危機狀況。臺灣殯葬文化的宗教議題較偏向操作面，此點留待下章再談；本章在末節準備就哲學議題加以發揮，主要集中在倫理學的討論。

胡適認為倫理學就是人生哲學。當然從哲學的專門觀點看，兩者仍有所區別；不過納入殯葬學的脈絡來應用，不妨異中求同。倫理學探討人際關係的學理，並尋求改善之道；人生哲學教導人們如何安身立命，包括改善與安頓人際關係。為建構臺灣的殯葬倫理學，理當從應用倫理學入手；西方的應用倫理學包括三大部分：醫學倫理、環境倫理、企業

倫理，這些在殯葬倫理學全派得上用場。簡單地說，「醫學倫理」與殯葬的交集在於臨終關懷與悲傷輔導；「環境倫理」與殯葬的交集在於環保自然葬；「企業倫理」與殯葬的交集則在於經營管理、服務品質、銷售生前契約等方面。我們主張用存在主義配合關懷倫理學，作爲殯葬倫理學的「外用」；其「中體」則爲古典儒道二家思想。

存在主義是西方哲學中最重視死亡議題的思想，它以「個人主體的存在抉擇」爲基本關注，對倫理學的發展影響深遠；此外它還成爲教育學、輔導學、精神醫學之內的重要學派。存在主義發現，個體在時間之流中不斷變化而步向死亡，但是在朝向死亡走去時，卻可以選擇成爲什麼樣的人；換言之，人生的命運有一部分可以操之在我，因此不應該交給別人去做決定，所以像生命後期的醫療決策以及後事料理等，最好由自己作主。而與存在主義同調的關懷倫理學，則相信「善體人意的關心照顧」，才是人間最寶貴的資源。結合存在主義和關懷倫理學的西方價值觀，對我們的殯葬文化最大助益，即在於鼓勵家屬放手，讓當事人去爲自己的後事作出抉擇，並加以尊重。

以「存在抉擇」和「關心照顧」爲核心價值的外來思想，如何與中國古典儒道兩家思想融匯貫通？這是值得我們深思的議題。事實上，儒家實踐「仁」，道家回歸「自然」，都可以在關懷倫理學裏面找到相互呼應之處；也就是說，仁愛的情意表現，乃是人性的自然流露。像人們面對死亡顯示出不捨和悲哀之情，可說眞實不虛。此時倘若殯葬人員在從事專業服務時，能夠創造一些像友情之類的附加價值，就像過去家庭醫師那般親和，而非純然只是善盡業務職責而已，

則殯葬業的社會地位，就有可能大爲提升。總而言之，殯葬學如果能夠通過對人文性的殯葬文化學之建構，納入殯葬倫理學的哲理考量，將會使得殯葬專業更具學術基礎，也更有人道關懷。所謂「專業」，必須「道」與「術」兼顧。本章主要在探討殯葬之「道」，下章則展開對殯葬之「術」的反思與重構。

結　語

殯葬是一種活動，因此殯葬學理當是一門「實學」，也就是操作性很強的應用學問。在殯葬學當中討論哲學，會不會曲高和寡，或是多此一舉？本章是在建構殯葬文化學的思想文化部分，雖然包括哲學和宗教，但明顯地偏向哲學的討論，尤其是倫理學，我們確實想藉此倡議發展臺灣殯葬倫理學的可能。其實像醫學、護理學、教育學、管理學等，皆是實務導向的中游學科，不尚空談；但是這些科系的學生，都必須修習倫理學或哲學課程，以示對專業的本質有所瞭解和把握。因此在「中體外用」綱領的指引下，本章提出融匯中國古典儒道兩家思想，與西方存在主義及關懷倫理學哲理，去建構具有應用倫理學特性的殯葬倫理學。大陸在這方面已有專書出版，我們理當迎頭趕上才是。

課後複習

一、本章清楚分判兩件事：第一，「宗教為團體活動，信仰
　　屬個人抉擇」；第二，華人社會裏呈現的是宗教信仰、
　　民俗信仰、人生信念三者並存局面。請對這些分判加以
　　評論。

二、佛教傳入中國已有兩千年，其輪迴轉世觀讓許多人深信
　　不移，但是我們希望指出：「假如有來世，那便不是
　　我；假如那是我，就不算來世。」你是否同意此一邏輯
　　推論？

三、「禮」有「禮義」的內容面和「禮儀」的形式面，「孝」
　　也有「孝思」的內涵和「孝行」的表現。請問殯葬如何
　　在保存內涵精神的情況下，從事形式方面的革新？

四、本章建議融匯中國古典儒道兩家思想與西方存在主義及
　　關懷倫理學哲理，去建構一套具有應用倫理學性質的殯
　　葬倫理學，以作為殯葬專業的「道體」，你是否同意？

倫理道德

　　報上登載一則新聞，講大陸觀光客在海外受到歧視的事情，讀來不勝唏噓。文章指出，大陸城市居民近年生活條件大有改善，已形成數量相當龐大的中產階級，再加上近年政府開放境外觀光旅遊，乃見中國遊客遍布全球，為各國帶來不少外匯收入。但是如今卻有愈來愈多的國家，對中國旅客給予差別待遇，原因是這些旅客不懂潔身自好，缺乏公德心，非常惹人嫌，只好做特別處置。大陸旅遊團在外有三大毛病：大聲喧嘩、貪小便宜、不守秩序。這讓我回想起二、三十年前臺灣剛開放觀光時，我們的遊客也是這副模樣。不過這幾年情況似乎好多了，像飛機落地後，還有人會指正大陸客，令其待完全停妥再起身取行李。說大陸落後臺灣二十年，這話或許不假，也代表臺灣人的驕傲。

　　但是這種驕傲，在一個颱風假的下午被吹得煙消雲散。我發現我們在許多方面還是很像大陸人；或許可以說，在沒有公德心方面，我們都是中國人吧！那是一個撿到的颱風假，雨大風不大，或許覺得有些無聊，家人於是相約去逛大賣場，而且一連逛了兩座。到那兒一瞧，才發覺臺北的無聊人口真不少，害我每個地方都得花上十五到二十分鐘停車，然後跟隨一輛推車，混在人堆中「血拼」去也。過去我從不選擇假日上大賣場，就是害怕人擠人、車碰車；這回既來之則安之，一路東張西望看熱鬧。後來太太說要買水果，我們就進入一座冷藏庫房，看見嚮往已久的美國大水蜜桃。只見有名婦人站在貨架中間東挑西撿，我還以為是服務人員在幫客人打理，待旁邊竄出

一個女孩叫聲媽，才知道那名婦人也是顧客。我的媽呀！站在貨堆中大剌剌地撿又大又好吃的水果，而架上高懸「請勿挑選」幾個大字，真是既諷刺又誇張！

　　這就是我們的公德心！此外賣場中試吃攤位總是排著長龍，有人來回吃上幾趟也不嫌累；還有隨意地把推車停在走道中間等等，都說明了今日華人絕非「富而好禮」的民族。學生時代學了許多倫理道德教訓，頭一個就是「禮義廉恥」；而禮正是守禮節，包括公德心在內。結果呢？人一多就亂成一團；好像只有搭捷運不會亂，因為一亂便上不了車。其實生活要講倫理道德，專業更需要倫理道德。學者辛辛苦苦想出一些應用倫理學的道德和原則，希望社會大眾和專業人員遵守，目的則是希望維繫人間的規矩節度。想像一下做生意只有叢林法則而沒有遊戲規則，那是多麼可怕的事情！而消費者的權益又如何獲得保障與改善？「己所不欲，勿施於人」，孔老夫子的至理名言，還是值得我們深思熟慮、身體力行的。

第十章
禮儀文化──殯葬過程

　　殯葬禮儀乃是人們在殯葬活動中所遵循的行為規範和儀式之總和，內政部將殯葬服務業分為殯葬設施經營業和殯葬禮儀服務業兩種，禮儀業的工作便是承攬處理殯葬事宜。為使禮儀工作步上專業化，始有禮儀師制度的設計。禮儀文化不止是多樣操作技術，更代表整個殯葬過程，可分為緣、殮、殯、葬、續一系產業價值鏈，貫穿其間的中華文化意涵則是孝道的體現。大陸上推崇儒家的孝道，卻反對宗教迷信，此與臺灣的宗教性禮儀掩蓋孝道真義之情況大異其趣。臺灣的殯葬禮儀共有四、五十道程序，其中雖不乏繼承古禮部分，但也有許多附會之舉。為求殯葬改革的正本清源、推陳出新，本章建議在禮儀文化上維繫「禮」的精神，但必須大力改善「俗」的形態，以重建禮儀活動的「人文化成」意義。

引　言

　　禮儀文化作爲殯葬文化的一環，可視爲實用技藝的傳承。今日殯葬之所以能夠轉型提升爲一門專業，一方面當然是業者本身的自我期許，一方面也來自社會大衆生活素質的上揚，以及消費者意識的覺醒。殯葬是一種服務業，而且是覆蓋面極廣、營業額甚高的服務業，幾乎人人都用得著它。既然是民生必需的行業，總應該與時俱進，跟上時代的腳步。只不過這套師徒相授的傳統技藝，雖然已經步上改革的途徑，但是進程相當遲緩。當然各地華人社會的情況原本即相異；大陸實施社會主義，對怪力亂神等封建迷信一律禁絕；臺灣走自由競爭的道路，卻一度無法可管。好在如今事過境遷，法令已然齊備，配套措施也逐漸啓動，剩下就看業者、消費者以及政府如何有效互動了。

一、背景知識

　　殯葬禮儀是一套與殯葬有關的操作性活動，過去多由師徒相授，如今則已演進成爲學校裏講授的專業課程。臺灣的殯葬教育到目前尚未正規化，但是一九九八年南華管理學院所開辦前後爲期三個月的「殯葬管理研習班」，以及二○○二年華梵大學創立公開招生的修業兩年「生命事業管理學程」，可視爲重要的里程碑。後者因係具有二專同等學力的

推廣教育學程，結業學員已有多人考取二技繼續深造。大陸
方面則早於一九九五年，即在長沙民政學校設立高職程度的
「現代殯儀服務專業」；民政學校後來升格爲長沙民政職業
技術學院，下設大專程度的「殯儀系」。由於該殯儀系是國
務院民政部直屬的唯一殯葬教育單位，系主任王治國（王夫
子）遂成爲大陸殯葬教育的核心人物；他所著述的《殯葬文
化學》及《殯葬服務學》二書，對當前華人殯葬文化的扎根
工作，具有不能忽視的貢獻。

　　根據王夫子的解釋，禮儀乃是人際交往中一整套的程序
化行爲規範和儀式，而殯葬文化則是人們在殯葬活動中所遵
循的行爲規範和儀式之總和。他並從三個不同角度對殯葬禮
儀進行分類：第一是根據「禮儀所指向的不同對象」，可分
爲「事死」與「事生」，其中「事死」又分爲「事屍」與
「事魂」；第二是根據「禮儀起作用的範圍」，分爲「治喪程
序禮儀」及「治喪個人行爲禮儀」；第三是根據「禮儀的時
間順序」，分爲「殯禮儀」、「葬禮儀」和「時祭禮儀」。王
夫子還強調各民族殯葬禮儀的基本精神都是一致的，亦即
「人道主義精神」，只是提法不同，在中國便是「孝道」。他
也提出殯葬禮儀的三項規定：「原則規定」爲「生死兩相
宜」、「方針規定」爲「有所爲，有所不爲」，「氣氛規定」
則爲「莊嚴、寧靜」。

　　大陸的民政部等於我們的內政部，臺灣主管殯葬業務的
內政部民政司，將殯葬服務業分爲殯葬設施經營業與殯葬禮
儀服務業兩種，其中後者的工作便是承攬處理殯葬事宜。爲
使得處理殯葬事宜的工作步上專業化的境地，乃有禮儀師制
度的設計。〈殯葬管理條例〉第四十條規定：「具有禮儀師

資格者得執行下列業務：一、殯葬禮儀之規劃及諮詢。二、殯殮葬會場之規劃及設計。三、指導喪葬文書之設計及撰寫。四、指導或擔任出殯奠儀會場司儀。五、臨終關懷及悲傷輔導。六、其他經主管機關核定之業務項目。未取得禮儀師資格者，不得以禮儀師名義執行前項各項業務。」此處顯示出，禮儀師固然在於執行殯葬禮儀業務，但是執業人員卻不一定要是禮儀師。

由於法規指示：「殯葬服務業具一定規模者，應置專任禮儀師，始得申請許可及營業」，而「一定規模」的條件最主要則為「實收資本額達新臺幣三千萬元以上」，可見現行禮儀師制度係針對中大型業者而設。這其實是一種殯葬改革下，行業轉型所面臨的過渡性權宜措施，法條的說明有所解釋：「參考社會工作師法之立法精神，明定禮儀師得執行之業務項目，以降低證照制度實施後，對現有執業者之衝擊，並明定非經考試及格，並取得禮儀師資格者，不得以禮儀師名義執行業務，俾利消費者辨別與選擇。」此處可以看出政府為保障傳統業者的苦心，不過由於禮儀師制度遲遲無法啟動，最近已改為先推廣「喪禮服務技術士」檢定；其中丙級技術士檢定要求條件不算高，相信對照顧傳統業者會有一定指標作用。

無論是位階較高的禮儀師，還是技能取向的喪禮服務技術士，其基本工作都是在承攬處理殯葬事宜，這其中牽涉到業者的殯葬行為。〈殯葬管理條例〉總說明對此有所明示：「殯葬行為之規範，則應包括禁止巧立名目，強索增加費用，禁止擅自轉介承攬意外事件，或不明原因死亡屍體之殯葬服務，以及辦理殮殯事宜妨礙公共通行、公共安寧等規

範。」事實上，這些不良行為正是過去無法可管時代，傳統業者在自由競爭情況下，發揮叢林法則的結果。如今要改善以上行徑，遵守法律所訂定的遊戲規則，固然是業者的根本考量；在消費者方面，購買生前契約，事先與業者建立服務關係，也是一條可行途徑。生前契約不一定由禮儀師銷售，但是找專業服務人員洽購生前契約，也許更會讓消費者放心。

二、發展現況

　　有些人把殯葬禮儀服務，看作是告別式會場上那些行禮如儀的操作技術，這無形中窄化了禮儀的範圍。事實上，禮儀文化代表的是整個殯葬過程。管理學者王士峰對此有專門的見解：「傳統上，殯葬業者的焦點放在『亡者』身上。其實從效益的觀點而言，殯葬業的使命可訂定如下：『用最有效益的方式，提供亡者之家屬及親友得到最大的安慰及最大的滿意。』殯葬業者給一般社會大眾的印象就是在『做死人的事』。從上述使命觀之，殯葬業的焦點應該是亡者之家屬及親友。如果我們將殯葬業改換成『生命禮儀服務業』……等等，就更能加重業者的使命感以及扭轉社會大眾對業者的刻板印象。」王士峰擔任過商業專科學校校長以及大學管理學院院長，更對推動成立生命事業管理系不遺餘力，可說是臺灣殯葬禮儀文化的重要推手。

　　王夫子曾指出，殯葬禮儀的意義有四：一、營造適宜的治喪氣氛。二、滿足生者的某種心理需求，表達某種感情願

望。三、強化人際聯繫，凝聚人際感情。四、對人進行教育。仔細考察，這些都是針對活人而言的意義。過去禮儀活動集中在亡者的殮、殯、葬三方面，如今可對生者加上緣與續兩項，王士峰即依此提出「緣→殮→殯→葬→續」的殯葬業價值鏈。產業價值鏈的概念由美國管理學者波特（Michael Porter）所創，他認為組織藉由主要活動與支援活動而增加產品的價值；其中主要活動包括服務、行銷、通路與售後服務等，而支援活動則包括基礎結構（組織結構、控制系統、企業文化等）、人力資源、研究發展、資源管理等，由此可見殯葬禮儀文化實與殯葬事業管理息息相關。

　　對於殯葬業的價值鏈，王士峰做出了具有創意的詮釋：「一、緣：可以從潛在客戶開始，與生者接觸，簽訂生前預約契約，並能與醫護單位合作，可進行安寧照顧，讓潛在客戶預先進行往生規劃，確保將來往生之尊嚴。這是未來殯葬產業的發展趨勢。……二、殮：從往生後，接運遺體，潔淨與掩藏亡者之身體。主要乃在使亡者身體得以美觀，使生者能壓抑對遺體之懼怕心理，進而能得到慰藉。三、殯：將遺體停柩讓生者憑柩奠拜，而使其心情調適，逐漸接受死者已往生之事實。四、葬：將遺體火化或土葬，藏於棺槨，或骨灰罐中保護之。使親友能夠定期慎終追遠。……五、續：一個專業化的企業，必須注重售後服務，及永續經營。對亡者之家屬也要常常予以關心及提供必要的服務。」

　　大陸上尚未流行生前契約，因此殯葬業者是被動地展開殯葬，通常是由喪家打電話給殯儀館開始。由於大陸的殯葬是公營事業，接電話者必須按規定將喪訊報告部門主管，再由部門主管指派禮儀師前往處理。對岸的殯葬服務人員也稱

作「禮儀師」，這是由王夫子建議的。王夫子曾多次來臺訪問考察，與臺灣產官學各界交流頻繁，相信此為得自臺灣的靈感。他主張：「提供治喪服務的一概稱『禮儀師』。每一樁喪事，原則上由一位禮儀師做全程服務，直至治喪完畢。」而他也設計出：「現代治喪禮儀全流程大體包括：接電話；禮儀師的準備；治喪協調會；家屬著裝；小殮；接體；冷藏；館內豎靈；守靈；家、公奠；出殯發引；火化；返主豎靈；居喪禮儀；居喪畢，復常；骨灰安靈。」

　　王夫子並對這一連串流程，訂出十分詳細的參考建議事項。值得一提的是，他對其中華人殯葬文化的保存與流傳，做出了深刻的反省：「治喪禮儀的要點在於：一、設置了三日守靈服務，並使治喪禮儀適當延長，以此滿足喪家治喪的心理需求。……二、孝子、孝女、孝孫等直系晚輩要下跪。孝子、孝女行三跪九叩首大禮，孫輩行一跪三叩首小禮，其他親屬及來賓則行三鞠躬禮，以此體現中國傳統殯葬文化的『親疏有別』。三、治喪三日，居喪則二十五日，以此體現中國傳統殯葬文化中的孝道精神。」平心而論，這三點倘若拿到臺灣來實行，恐怕會大打折扣。首先，現代人多半已經不願守靈；其次，行跪拜禮在告別式上雖常見但不必然出現；最後，守喪二十五天更是難得落實，這些就是我們殯葬文化的現況。

三、本土轉化

　　殯葬原本即是相當本土化的活動，但是隨著西風東漸，

有一部分禮儀也採用了西化的模式。內政部曾於一九九一年修訂頒行實施一份〈國民禮儀範例〉，內容涵蓋一般禮節和中國「冠、婚、喪、祭」四大禮儀；其中喪禮一章將治喪、奠弔、出殯、安葬、服喪期及喪服等項，規定為喪禮節目。此一範例要求喪禮奠弔程序必須簡化、防止濫葬，並遵禮成服。當時的民政司副司長蕭玉煌並為文釋義強調：「祭奠哭拜在心誠，不忘先人，以表孝思，故『祭神如神在』。如心不存『慎終追遠』，僱人代哭，哭聲再哀，排場再大，又有什麼意義？甚至花車百部，有傷風敗俗的表演，可謂離譜之至。」可見臺灣也像大陸一樣，把殯葬禮儀的本質定位為孝道的體現；不過在實際操作面上，兩岸的作法則有很大的出入。

大陸的殯葬法規只有簡要地規定：「辦理喪事活動，不得妨害公共秩序、危害公共安全，不得侵害他人的合法權益。……禁止製造、銷售封建迷信的喪葬用品。」而王夫子對此有所反思：「『迷信傳統』在我們社會的思想意識領域還有相當深厚的根基，這是我們要面對的現實。目前，我們對於什麼是『迷信』的殯葬用品還存在一個定性困難的問題。如給先人燒幾張紙錢，燃幾根香燭、給死者穿上新衣服鞋襪；進而在喪禮上請人做法事，唱唱哼哼，或清明節掃墓，燒香磕頭；進而，紮花圈、紙房子、紙汽車、紙人紙馬……殯葬上的封建迷信的度究竟定在何處？哪些可以做，哪些又不能做？定性的困難勢必給各地的殯葬管理帶來操作上的困難。」看來大陸人民生活改善後，也步上臺灣殯葬文化趨於奢靡的後塵。

對於臺灣殯葬文化趨於奢靡的現象，徐福全有著一針見

血的批評：「人有錢後就想風光，辦喪事也是如此，喪家想花錢，葬儀社當然樂意配合，於是臺灣喪禮開始普遍鋪張化，最容易鋪張的就是出殯的排場，豪華的壇場，熱鬧的樂隊，珍貴的祭品紛紛出籠。由於國民所得日益提高，加上臺灣人『輸人毋輸陣』的心理，以及葬儀社的推波助瀾，到了民國七十至八十年之間，臺灣的出殯場面已極盡鋪張豪華甚至乖離喪禮的本質。」事實上，臺灣的殯葬禮儀由簡入繁，主要還是受到宗教與民俗信仰的影響，也就是鄭志明所說的「引鬼歸陰」過程日漸繁複；至於隨後的「祭祖安位」，相形之下則屬於儒家孝思的平實表現。我們一向主張，殯葬改革應當從「擺脫宗教迷思、親近人生哲理」著手，在此又得一佐證。

　　臺灣的殯葬禮儀究竟有多麼繁複？僅將其流程一一列出即可得見：徙鋪─分手尾錢─拜腳尾飯、腳尾錢─號哭、哭路頭─過小橋─守鋪─開魂路─豎魂帛─旛仔─乞水─沐浴─接棺─套衫─抽壽─張穿─辭生─放手尾錢─割繩─入殮─葬期─擱棺─公弔─出山─安靈─巡山─完墳─風水形狀─做旬─做功德─除靈─做對年─推靈─安位─合爐─答紙─新忌─愍忌─培墓─拾骨─吉葬等，共計四十道程序。徐福全則將喪禮儀節分為六個階段：臨終前之準備、初終之儀節、大殮與停殯、葬前之準備工作、葬日儀節、葬後諸儀節，總共可以分為五十七道程序。這些繁瑣的禮儀，有的內涵實在值得商榷；例如孝男守鋪是孝思的表現，但此刻必須把貓關起來，以防貓躍過遺體造成屍變，就屬鄉野傳說的附會了。

　　中華文化本土的殯葬禮儀，在大陸僅保留孝道的精華，

而跟迷信劃清界限；但於臺灣在地經由民俗轉化，竟造成道佛雜糅的繁複形式蓋過慎終追遠的深遠內涵之窘境。社會學者黃有志考其原因發現：「國人長期以來對死亡懷有莫名的害怕，因此衍生出對殯葬禮儀的積非成是，常常人云亦云、亦步亦趨的依循。而害怕喪禮儀式的理由就在於『趨吉避凶』。再者由於國人嚴格區分生死，將死視為一件大不吉利的事，衍生許多不倫不類的喪俗。……除此之外，學者指出常見傳統的殯葬禮俗，非理性與不人性化的喪俗尚包括常見的：1.燒冥錢與庫錢的問題。2.入殮與出殯看吉時的問題。3.埋葬或進塔看風水的問題等。4.入殮後在棺木內放熟鴨蛋或石頭的問題。」

四、綜合討論

　　作為全書本論的末章，禮儀文化的主題可視為建構臺灣殯葬學的最後一塊磚。殯葬學不像生死學，可以完全理論地講、抽象地講，而是終究必須回到實務操作面上來落實，也就是大家關心的「禮儀」部分。今日殯葬學術之所以引起產官學各界一致的興趣，主要還是拜禮儀師證照制度之賜。推動證照制度，反映出殯葬改革的最重要目的，也就是殯葬專業化。專業化的特點即在於由專業人員執行業務，資格不符的人不能代勞，其功用則在於服務品質的保證。時下專業化程度最高的當屬醫師和律師，在美國需要專業博士學位；其次是心理師和社會工作師，一般要求碩士學歷或學力；至於臺灣地區規劃的禮儀師專職，目前最好以護理師為標竿，至

少要達到專科以上甚至大學程度。不過這是美國殯葬指導師制度的現況，我們的禮儀師制度還有很長的路要走。

萬丈高樓平地起，臺灣推行禮儀師制度雖然從零開始，所面臨的情況卻是有近三萬名業者需要被關切；換言之，我們不是新設一種職業讓人們通過教育訓練過程參與投入，而是企圖把一種傳統行業全面轉型為現代專業，其所承受的壓力相對大得多。壓力多來自兩方面，一是社會大眾包括政府官員在內的心中刻板印象，認為殯葬層級太低，根本難以專業化；另一則是業者本身不願求新求變的消極態度，認為如此一來將有損其既得利益。但是改革已箭在弦上，不能不發，大家只好從善如流，以求先馳得點。由於推動大專層級的正規殯葬教育目前明顯受阻，因此只能以迂迴的方式間接推動禮儀師證照制度；也就是先經由喪禮服務技術士技能檢定，再修習二十學分專業課程，最終以檢覈方式取得禮儀師證書。

本書寫作的目的，正是為殯葬從業人員修習專業課程入門參考之用。由於修課學員大多已通過技能檢定，也就是術科部分已臻於嫻熟，所以專業課程內容屬於大專程度以上的學科部分，不乏一定分量的理論和觀念。像本章主要在討論禮儀文化，重點是放在文化詮釋方面，而非禮儀操作方面。前文曾提及，文化在中國是指「人文化成」，在西方則反映「一個民族的生活方式」。華人的生活方式中有「禮」也有「俗」，我們希望在現今要維繫住殯葬文化中「禮」的精神，但必須改善「俗」的形態。重禮的生活方式主要受到儒家思想的影響，其核心價值是「仁」，首要德行為「孝」，落在生活實踐中則屬「禮」。在後世發展下，這套思想演變成祖先

崇拜的習俗，而與道教所繼承的鬼靈崇拜習俗長期並存，但不一定和平相處。

鄭志明對此有所詮釋：「鬼靈崇拜與祖先崇拜是有所衝突的，代表兩種對待靈體的不同態度，人們害怕屍體卻又懷念親人，一方面要求鬼魂快快歸陰，不要留在人間作祟；一方面則是對先人的思慕，希望祖先精神常在，福佑世人。臺灣喪葬儀式延續了漢人古老的信仰觀念，進行鬼靈崇拜與祖先崇拜的調和，將『送鬼歸陰』與『祭祖安位』的兩種心理巧妙地結合在一起。」這正是我們探討臺灣殯葬文化中禮儀文化的切入點，畢竟鬼靈和祖先崇拜都深具本土文化意義，我們可以在此基礎上進行在地轉化。臺灣殯葬禮儀既然能夠靈活地調和原本衝突的崇拜心理，相信也有可能自我調整面對改革的心態；像保存「禮義」而改革「禮儀」，以及將重視「民俗風水」轉向肯定「環境風水」，都是可以努力的方向。

以風水觀的革新為例，黃有志指出：「『民俗風水』，又稱術數風水，其主要功能是使人能寬慰於現實環境所遭逢的挫折與失敗，鼓舞自己士氣，積極進取。……風水的另一種面貌，稱為『環境風水』，其主要功能是選擇理想生存環境達到安居樂業，永續發展的目的。……風水的精神主要在強調人與自然的順應協調，由此達到『天人合一』和諧的境界。在環境保護意識高漲的今天，『環境風水』的本質內涵若能獲得正確的理論詮釋與實踐，應可成為中國人獨有的環境觀與環保倫理。」順此思維來看，殯葬改革不妨在簡化與淨化諸多繁文縟節中，回歸「慎終追遠」古老傳統的真義，也就是妥善料理親人的後事，並且將其銜接上祖先崇拜的仁

愛與孝敬本質。這才是禮儀活動真正產生「人文化成」意義
的開始。

結　語

　　禮儀文化要討論的，不是殯葬過程如何操作的問題；這
些過程對殯葬工作者而言，早在技能檢定階段就應該充分把
握和運作。我們關注的乃是禮儀背後所代表的意義問題；一
旦意義得到釐清，改革就可以順利上路。簡單地說，臺灣的
禮儀文化受到兩套思想與信仰系統影響，一是儒家的「孝」
文化，一是道教的「鬼」文化，我們希望順應後者而發揚前
者。本書不排斥「人死為鬼」的想法，但是主張人應該多瞭
解鬼，並且學會不怕鬼。最近有一位道教人士指稱，鬼根本
用不到錢，請大家不要燒金紙，以免浪費活人的錢。這是很
有建設性的想法。所謂「此念是煩惱，轉念即是菩提」，許
多事情都可以在一念之間獲得轉圜餘地。殯葬改革需要殯葬
教育來指引，這將是我們在結論一章中所要傳達的訊息。

課後複習

一、禮儀根據指向對象的不同，可針對「事死」與「事生」
　　兩方面，其中「事死」方面又可分為「事屍」與「事魂」
　　兩部分，請據此對臺灣殯葬禮儀流程加以檢視。

二、殯葬產業價值鏈已從傳統的殮、殯、葬三者，強化爲
　　緣、殮、殯、葬、續五項，其中結緣可通過銷售生前契
　　約，後續服務則包括悲傷輔導在內，請問這對殯葬改革
　　有何助益？

三、臺灣的殯葬活動原本民風純樸、合作互助，後來演變成
　　商業行爲，並在經濟起飛後步向奢靡浮華，亟待大幅革
　　新。大陸目前似乎步我後塵，請對此提出改善建議。

四、殯葬改革要維繫文化中「禮」的精神，而修正「俗」的
　　形態。面對祖先崇拜與鬼靈崇拜交織而成的臺灣在地禮
　　儀文化，請問我們該如何正本清源、推陳出新？

心靈會客室

禮者理也

　　《論語‧八佾篇》有一段小故事：「子貢欲去告朔之餼羊。子曰：『賜也！爾愛其羊，我愛其禮。』」子貢不忍作為犧牲的羊隻，孔子卻堅持禮數不可少。同一篇中還有一段話：「祭如在，祭神如神在。子曰：『吾不與祭，如不祭。』」對於祭祀的事情，孔子希望自己務必參與。在此我們一方面看見孔子對於禮儀形式的擇善固執，但是這些作法的背後，是有一定的想法在支撐，也就是禮之理。《禮記‧仲尼燕居篇》提到：「子曰：『禮也者，理也。樂也者，節也。君子無理不動，無節不作。……』」此處指出禮樂之中都有一定的道理和節度，不能隨意為之。禮樂甚至整個儒家思想的背後，有其根本的一貫之道，也就是「忠恕」，亦即「己所不欲，勿施於人」。

　　依邏輯推論，「己所不欲，勿施於人」就等於「施於人者為己所欲」，此一推己及人的核心價值，正是儒家所推崇的仁。仁表現為愛人和孝道，是可以回溯至祖宗先人的，祖先崇拜即由此而來。這種古老的人道精神傳衍到臺灣來，竟產生燒冥錢、紮紙房、電子花車一類流俗，居然也名之為孝道的表現，不禁令人啼笑皆非。有趣的是，最近有一位道教協會的理事接受記者訪問，表示燒紙錢沒有意義；他更強調，各地燒的紙錢不一樣，臺北燒的臺中不能用，還是不燒的好。事實上，其他華人社會目前皆鮮見燒東西拜神祭祖事鬼之舉，只有臺灣仍廣為流行。而坊間更流行的一句話，乃是以燒信用卡取代燒紙錢，讓陰間的好兄弟盡情消費。聽說市面上剪掉不用的廢卡多達四十萬張，看來好像真有燒燬的必要。

在台灣長大的孩子，逢年過節照例都要燒香祭祖一番。前一陣台北市發生腳尾飯事件，其實過年時哪家不是把供台上祭祖的飲食拿來當年夜飯享用，甚至有人去掃墓後把祭品帶回家吃，還不是祭活人的五臟廟。不過令我真正有所感觸的，是有一回在美國洛杉磯的墓園為父親掃墓，看見不遠處有一家洋人在親人墓前席地而坐，靜靜地野餐。外國墓園像公園，墓碑平鋪於地，遠遠望去只見一片大草皮，上面散列著紀念的花朵，而野餐則是一家團聚的時刻，這種作法的確值得我們效法學習。聽說當地墓園中的教堂還有人租用來舉辦婚禮，而且保證好停車。台灣曾有禮儀人員在墓地結婚，也有到裏面辦音樂會的創舉，希望這不只是社會新聞而已，而是面對死亡事物的心靈改革之契機。

【結　論】

第十一章
從殯葬學到殯葬教育

　　本書共分為導論、本論和結論三個部分，作為結論的第十一章，係與作為導論的第一章相互呼應，以期構成一系完整的殯葬論述。本章主要在對剛剛萌芽的臺灣殯葬教育，從事回顧與前瞻。殯葬教育可分為專業教育和通識教育兩方面，前者目前設計為針對業者為通過禮儀師檢覈的二十學分專業課程，後者則是提供大學生及社會大眾多所瞭解殯葬的全民教育。專業教育的內容即反映在本書架構內，其中第一、二兩層級的知識乃為業者所必修；但是我們更強調將生命教育的精神，貫注於各種類型的殯葬教育之中，使得學習者能夠真正「變化氣質」。殯葬教育與殯葬學及生死學表現為辯證式成長的關係，但不見得是彼此衝突，而無寧是相輔相成。全書最後講述了生死學到殯葬學和殯葬教育的一路發展，可作為殯葬改革的見證。

引　言

　　本書以三篇九章的篇幅，亦即第二章至第十章的內容，作為全書的〈本論〉部分，初步建構了一套臺灣殯葬學論述。本書雖以《殯葬學概論》為名，實際上屬於臺灣在地的局部知識。為反映論述基礎的中華文化之本土性，全書經常採用大陸在地的理念與實務當作參考對照。值得一提的是，海峽兩岸都有一份〈殯葬管理條例〉，作為規範殯葬事物的母法。比較之下，臺灣特別針對殯葬服務與殯葬行為，訂出許多條文加以管理，這多少可以看出我們在這些方面的問題之嚴重。而最有建設性的立法則在於設立禮儀師證照制度，以促使殯葬走向專業化。專業化的落實必須靠教育訓練，臺灣的殯葬教育自一九九八年起步，至今不過七、八年，其內容有相當大的揮灑空間。屬於全書末章的〈結論〉部分，將對此有所反思和建言。

一、背景知識

　　回顧過去，前瞻未來，我們發覺自己正站在一個深具關鍵性的起跑點上。眼前所提出的一切想法與作法，在將來都有可能影響臺灣殯葬產業發展的良窳和榮枯。原因是加入世界貿易組織後，終究將使本地市場大開；一旦面臨外來先進業者的跨國競爭，我們勢必得找到自己的核心競爭力方能充

分因應，否則只有淘汰出局的分。殯葬屬於比較消極、被動的市場，很少見人有心「貨比三家不吃虧」，此時品牌和口碑便相對顯得重要。外國的金字招牌目前對我們而言雖然感到陌生，但是只要他們有機會進入臺灣市場，不出多久就可能嶄露頭角，後來居上。到時候我們憑什麼來應付？答案是人才、管理和遠見。換言之，臺灣需要培植一批能從事策略思考的管理者，投身全球化的洪流，以維繫本土文化，並開創在地優勢。

　　人才哪裏來？沒有其他管道，完全靠教育，而且是有系統的、高層次的正規教育，也就是大專以上程度的專業教育。除了培育業者的專業教育之外，我們還需要針對社會大眾而設計的通識教育和素質教育。殯葬專業的推動，不單要靠產官學各界全力促成，更要有社會大眾的關心和參與。倘若大多數人都因為死亡禁忌而對殯葬有所排斥、對業者形成不佳的刻板印象，則再理想的專業化努力也會在現實中夭折。由於殯葬教育必須針對業者和消費者雙管齊下，專業化始能克盡其功，因此本章將盡可能提出一幅全方位的教育藍圖，分別呈現業者的專業教育和消費者的通識教育之面貌，而其核心價值則是以生命教育為內涵的素質教育。教育的目的乃是培育技能和變化氣質，兩者缺一不可；尤其是為人料理後事的殯葬業，絕對不能成為匠人及市儈。

　　殯葬教育不應該只是殯葬人員的教育，或是以殯葬為內容的教育；不管是針對業者的專業教育，還是針對一般社會大眾的通識教育，它最好都兼具全人教育、生命教育和素質教育的內涵與精神。簡單地說，專業教育是針對專業人員專業所需的專門教育，像醫學教育和護理教育，以便考授證

照：**通識教育**是以擴充個人在專門知識以外的修養和見識而提供的教育，目前每名大學生都至少要修八學分通識課程；**全人教育**是指涵蓋德智體群美及知情意行的全人格教育，而非僅止於知識傳授的智育；**生命教育**讓我們懂得欣賞生命、珍惜生命、愛護生命；**素質教育**是大陸的提法，以強化全民族的各種素質爲重點，我們借來指稱培育一個有教養的人。在當前臺灣的大環境中，將殯葬教育納入「**生死教育取向的生命教育**」來推動，或許是一條可行途徑。

前面曾提及，殯葬學是一門操作性很強的中游學科，以實務爲主，不尙空談。但是作爲學問知識就必然涉及理論觀念，而教育不但要讓學生「知其然」，更能夠「知其所以然」。以殯葬禮儀爲例，如果只是帶本《通書》照表操作，那光是師徒傳授就已足夠，不必到大學來上課了。大學程度的禮儀課不但要講中國喪葬史，還要具備殯葬倫理學、殯葬心理學、殯葬社會學相關知識。以此觀之，不管是針對業者還是消費者所進行的殯葬教育，只要在大學中講授，就必須顧及它的知識基礎。由於目前臺灣從中央到地方、從政府到民間，都在大力推動生命教育，教育部甚至編列一億七千萬的預算以補助學校辦活動，我們乃認爲將殯葬教育納入生命教育之中加以實施，較能收到順水推舟之效。

當前至少有六間大學的研究所碩士班在培育生命教育相關人才，而學者也歸納出生命教育可以有倫理教育、宗教教育、生死教育、生涯教育、性別教育、健康教育、環境教育等七種取向；至於普通高中所開授的八門生命教育類選修課程，也不脫上述諸取向。基於殯葬教育與生死議題直接相關，我們建議將它與生死教育取向的生命教育相結合，再兼

及倫理教育、宗教教育及環境教育，如此它的學理基礎便顯
得相當開闊而扎實，傳授起來也不致以偏概全或顧此失彼。
生命教育以「人的生命」為關注焦點，這裏的「人」指的是
每一個活生生的個體，而非抽象概念。用我們前面介紹過
的，融匯儒家、道家、存在主義、關懷倫理學等思想的殯葬
倫理學的話來講，生命教育意義下的殯葬活動，乃是**存在主
體將人道關懷推己及人以反璞歸真**。這並非紙上談兵，而是
可以實際操作的專業服務。

二、發展現況

　　生命教育的範圍十分廣博，當然不像殯葬教育需要專
精；但是萬丈高樓平地起，把基礎打好紮穩，並且使局面維
持一定程度的開闊，才不致搖搖欲墜，以及見樹不見林。不
可否認的，現今在臺灣，生命教育是顯學，生死教育是熱
點，殯葬教育如果有機會趕搭上這班列車，將會事半功倍。
究竟我們該如何著手呢？依照前面的構想，分為專業教育和
通識教育來規劃，乃是第一步可以做的事。以目前現況看，
二十學分的專業課程和兩學分的通識科目，是立即需要規劃
的教育進程。尤其是前者，內政部在二○○五年四月做成議
決：「禮儀師應修習之課程科目及學分數，原則上……以二
十學分為原則，其有關『人文學領域——殯葬文化學』部
分，至少占十學分。至於其他領域之學分數及科目名稱等，
本次會議不做決定，並歡迎各界提供課程科目資料，俟日後
細部規劃辦法時，再予討論。」本章即嘗試對此做出建議。

　　課程規劃並非隨興所至或是根據經驗法則處理，而必須經過縝密的策略思考，亦即看見遠景、提出願景。殯葬專業課程的遠景，是使得殯葬全面專業化；其願景則是讓優秀的年輕人願意投入此一行業，以提升服務品質，令全民皆無後顧之憂。根據教育學兩大核心分支學科之一的課程論考察，「課程」的涵義歸納起來大致有四種：教師的教學科目、學生的學習經驗、政府的文化再製、民間的社會改造；目前各級學校的教育活動多由教師和政府在主導，不過學生與民間的聲音也不時浮現。本章在構思殯葬教育的藍圖時，希望盡可能融匯上述四種涵義的優點，來從事課程規劃。不可否認地，眼前的殯葬專業教育，將完全屬於本行業者的在職進修，因此其需求乃是如何為實務賦予專業面貌和理論基礎。

　　依照殯葬業者最高主管機關內政部民政司的現行構想，殯葬專業化係分兩階段：首先由勞委會主導喪禮服務技術士的技能檢定，自國中畢業資格的丙級檢定開始辦起，相信可以涵蓋絕大多數現行業者；其後則委請大學開設殯葬專業課程二十學分班，讓通過乙級以上技能檢定、擁有至少兩年的服務年資，且具備專上學歷的業者修習，結業後按符合的條件，以檢覈方式取得內政部頒授的禮儀師證書。因此我們可以假定，在可見的未來，殯葬專業教育的主要對象，乃是專科以上程度的在職人員；他們具有豐富的實務經驗，依專業需求來接受相關學理的高深教育。而在課程規劃之前，我們還必須深入反思並確定一件很重要的事情：對於業者而言，專業教育究竟是加持性的錦上添花，還是修養上的更上層樓？從高等教育的理念與理想來看，它理當屬於後者。

　　由於非正規的殯葬專業教育自一九九八年即已展開，個

人因緣際會，從一開始就有機會參與其中，至今七、八年間，總共遇見數以百計好學的業者菁英。我發覺不少學員有著一種共同的心聲，那就是認為自己的實務經驗和能力已足以應付一切，到學校修課只是為應付禮儀師考試的必要過程，對實務並沒有多少實際助益。面對此點，身為教師的我們當然應該虛心檢討改進，但是我也要提出一個例證，供業者反思參考。目前社會上流行修"EMBA"學位，也就是「高階經理人企業管理專業碩士」；這並非人人能讀，而是只有各行各業的高階主管甚至老闆方得進入的學程。照說這些企業領導人已屬事業成功的一群，然而當他們辛苦兩年學成之後，多半會認為雖然所費不貲卻絕對值回票價，這正是「讀書可以變化氣質」的例證。

我們希望讓從業人員的殯葬專業教育，也能像高階經理人教育一樣，不只是印證自己所知，而在擴充本身所學。以臨終關懷與悲傷輔導為例，過去大概很少有業者會注意到這方面，但是當〈殯葬管理條例〉將其列為禮儀師六大職能之一，情況便完全不同了。事實上，專業化的臨終關懷即是安寧緩和療護，乃是醫師與護理師的職能；而從事悲傷輔導的專業資格，則為碩士以上層級的諮商或臨床心理師；禮儀師投身其間，不能只懂禮儀而已，而是必須擁有其他方面的專業修養。當然「聞道有先後，術業有專攻」，禮儀師畢竟不同於醫師、護理師或心理師；但能夠與其並列，專業素養的要求必定不能少。以下我們就依內政部所認定的課程規劃方向，來為禮儀師的專業教育提出課程設計。

三、本土轉化

內政部通過由我所提出的〈殯葬專業課程設計架構芻議〉，正是本書〈本論〉三篇的架構。倘若專業要求只有二十學分，我建議原則上每門課皆爲兩學分，共修十門課；其中「殯葬文化學」部分占一半，即五門課十學分；此外「殯葬衛生學」修四學分、「殯葬管理學」則爲六學分。爲使學習具有系統和重心，需要規定一定必修的學分數，此處似乎以十學分爲適中，亦即規定健康科學類必修一門、社會科學類必修兩門、人文學類必修兩門，其餘列爲選修。針對殯葬學的中游學科屬性，我主張將「殯葬學概論」、「臨終關懷與悲傷輔導」、「殯葬管理學」以及「殯葬文化學」等四科列爲核心必修科目，「設施經營管理」與「禮儀服務管理」兩者則必修其一，以培訓扎實的「殯葬服務業」管理職能。

有關殯葬專業課程必修科目的決定，乃是依據知識分類的層級概念而設計。如果殯葬學本身作爲第一層知識，則從人類知識的自然科學、社會科學、人文學三分發展看，可以將殯葬衛生學、殯葬管理學和殯葬文化學列爲第二層知識；其中前者屬於應用性自然科學的健康科學領域。在本書中第二章內，我將禮儀師法定職能「臨終關懷及悲傷輔導」，分別納入衛生保健和心理衛生的課題來介紹。我認爲此一職能足以代表殯葬衛生學的知識重心，而與其他兩種第二層知識，以及對於第一層知識的概論性介紹，共同構成一套核心必修科目。至於加上一門管理類課程二選一的必修科目，則

是為強化學員的組織管理相關知識；畢竟短期內接受殯葬專業教育的學分班學員，幾乎都是殯葬服務業的在職業者，有必要對事業經營之道多所瞭解。

但是從長遠的角度看，我們還是不放棄推動設立正規殯葬專業科系的理想，最好效法護理類科的作法，從四技二專的技術與職業教育體系入手，如此可以同時辦大學部及專科部，並分別授與學士和副學士學位。其實目前華梵大學所辦的八十學分班，已經等同於二專學力，唯一缺少的是無法取得副學士學位。此外由於臺灣的殯葬業者大多自稱經營的是「生命事業」，因此殯葬專業科系稱作「生命事業管理系」、「生命禮儀學系」並無不可。不過「生命事業」之說源自日本，其範圍除包括喪禮服務之外，尚涵蓋婚禮部分；亦即一個事業體之內，同時有婚喪兩方面的部門。這點在我們聽來也許覺得不適應，然而現在臺灣已有事業集團兼及殯葬和人壽保險。未來若有殯葬業者開養老院或醫院，大概不會令人感到意外。

如果是四年制大學部的「生命事業管理系」，即使屬於技職體系，其專業教育也不能窄化到只有殯葬學部分。換句話說，正規的殯葬相關科系，在傳授的內容上，當然要包括二十學分班全部所學；但是除此之外，勢必還需要更寬廣的實用知識學習，對此我建議將殯葬科系列入管理學門，而非人文學門。殯葬事業在臺灣講究禮儀部分，乃是民族文化背景使然，所以二十學分班至少包含一半的人文學知識並無可厚非；畢竟學員本身已經在業界服務，多少具備一些管理實務經驗。年輕的大學生則不同，他們有些尚未踏入社會，需要一技之長作為安身立命之所繫，而在現時代大環境之中，

多一分管理的訓練，恐怕比多一分人文的素養，更能夠立足於社會，這也正是我在一九九九年即建議設立「生死管理學系」並納入管理學院的初衷。

　　完整的殯葬教育不止包括針對業者或培育未來業者的專業教育，還應該具備為其他科系學生而設計的通識教育課程，以及為社會大眾提倡相關知識訊息的社會教育學習管道。目前四年制的大學生在學期間，至少要選八學分通識課程方能畢業。一般大學採取的作法乃是放羊吃草，只要與本科系所學沒有直接關聯的科目皆可選修、均予承認。如此一來，學生很容易找些「營養學分」輕鬆過關，反倒失去了大學設置通識教育的良法美意。事實上，臺灣各大學及學院開授通識課程始於一九八四年，當時主事者教育部的構想完全取材自美國，主要希望讀理工醫農、法政商管，以及文史哲藝的年輕人，在所學上不要囿於一隅，乃有「科學與人文對話」的通識課程之設計。可惜實施至今二十餘年，它似乎真的已淪為「營養學分」了。

四、綜合討論

　　走筆至全書最後一節，我想是該做成結論了。本書首章題為〈從生死學到殯葬學〉，末章則題為〈從殯葬學到殯葬教育〉，我的目的是希望首尾呼應，並且能夠辯證地揚升，以反映學無止境。辯證觀是一套有機式的思維方法，它不像機械式思維方法只看線性因果關係，辯證法講的是「正、反、合」迴旋地向上揚昇的創造歷程。簡單地說，「正」可

以指一切事物的現狀；現狀不完美，所以會出現內部矛盾衝突，這便是「反」。接下去有兩種可能，一是「正」自我修正，克服了「反」，而達於「合」的較高境界；另一則是「反」吞噬了「正」，開創出「合」的新境界。一個半世紀以前，馬克斯拿這套道理去鼓動向資本主義革命，結果社會主義影響全球一半人口達七十餘年之久。但是到如今蘇聯早已瓦解，標榜「中國特色社會主義」的大陸，卻彷彿越發走向資本主義式的繁榮崛起，這其中還真有不少辯證發展的味道。

　　拿辯證觀來反思臺灣的生死學、殯葬學與殯葬教育之關係，其實相當耐人尋味。「生死學」之說係旅美哲學學者傅偉勳於一九九三年中，在臺灣以專書形式提出。其好友心理學者楊國樞為該書作序，並立即將之引入臺灣大學的通識課程中講授，其他學校亦起而效尤，頓時於各大學中造成一股生死學熱。一九九六年中，人文學者龔鵬程在星雲法師充分授權下，創辦成立南華管理學院，立即邀請傅偉勳自美國返臺到南華哲學所任教，並籌設生死學研究所；未料十月間其在美往生，次年一月教育部通過籌設案，其後招生創立的重擔便落在我的肩膀上。一九九七年我成為南華生死所首任所長，一路摸索如何在前人奠定的基礎上，全面完整地建構生死學。奇妙的是，次年有兩樁事情的發生，竟意外地大大影響了生死學的發展。

　　當年臺灣省政府教育廳開始推動生命教育，生死所教師覺得很有興趣，就邀請主事的專家來學校座談，結果讓不少研究生走上研究與實踐生命教育的道路。另一件事情是國寶集團在報上登廣告，大聲疾呼應設立殯葬科系，引起南華一

群教生死學和宗教學的學者正視與重視，乃合作籌辦一場有關設立殯葬科系的學術與實務研討會，不料大為成功，便順勢開辦「殯葬管理研習班」，意外帶動臺灣殯葬教育的興起。二○○○年政黨輪替，內閣改組，新任教育部長曾志朗為心理學者，相當支持生命教育，乃宣布成立「推動生命教育委員會」，訂定四年一億七千萬預算的中程計畫，並以二○○一年為「生命教育年」。他並曾對記者說明生命教育的內容，包括人際關係、倫理、**生死學**、宗教、殯葬禮儀五大項，這可說是殯葬與生死學及生命教育最重要也是最直接的一次交集。

可惜好景不常，由於教育部長不斷更迭，生命教育也有後繼不力之感。不過當社會上自殺案件此起彼落，仍使得生命教育保持有一定的影響力，但似乎已不再談論殯葬禮儀方面的議題。像二○○六年開始實施的普通高中生命教育類選修課程，八科中雖有「生死關懷」一門，卻鮮見殯葬方面的論述，殯葬至此彷彿又與生命教育分別了。相反地，因為生死所在創辦次年便要求學生到殯儀館去實習，引起全球媒體的矚目，一夕之間暴得大名，卻也產生盛名之累，使得許多人誤認為生死所即是殯葬所，而讓所上必須不斷澄清生死學與殯葬的異同。正是想藉機將兩者區隔，我乃建議另行設立完全以殯葬為教研主題的「生死管理學系」；沒想到不久新系果真順利成立，但僅曇花一現，於次年即因改名而消失。

平心而論，殯葬科系一旦成立，學生肯定會有出路；在職生不談，一般生學得管理方面一技之長，必能進可攻退可守，立於不敗之地。再說殯葬乃民生必需的行業，不易受到景氣大幅影響，就業市場情勢一片大好。無奈社會上的成見

與偏見，使得正式設系和禮儀師證照制度一波三折，至今仍在原地踏步，而兩者原本又有互爲因果的關聯。如今雖然暫時脫鉤，但我仍然堅信，未來唯有正式設立相關科系，並將禮儀師納入國家考試，殯葬才算眞正步上專業化的途徑，而與醫師、護理師、心理師、社會工作師等專業人員平起平坐，共同爲人類生老病死的安頓做出貢獻。至於眼前，倘若勞工委員會能夠跟內政部順利合作，先將殯葬業推上技能檢定的舞臺，也算是一種國家級的認證。這或許正是廣大殯葬業界朋友長久以來的心之所嚮罷！

結　語

　　殯葬究竟是「學」還是「術」，抑或兼而有之？我想答案大概人人心中有數。不少殯葬業者擁有一身的「術」，我們一方面寄望他能像醫師一樣「仁心仁術」，一方面也樂見他能夠像醫師一樣「學以致用」。七年醫學教育是當前最優秀年輕人夢寐以求的生涯規劃，大家或許從來不曾認眞想過，有一部分醫師的工作，必須要靠禮儀師來接棒。人若不生病，醫師就派不上用場；生病一旦死亡，禮儀師立即上陣。醫師與禮儀師實乃一線之隔，無奈卻呈現天壤之別；眞的就像生與死一樣，不可同日而語。但是生與死卻又是一體之兩面、一線之兩端，在生死邊緣提供專業服務的人員，其實都是在做功德、在貢獻於民生。但願殯葬業者非但不要妄自菲薄，還要立志更上層樓，止於至善。

 課後複習

一、本書主張殯葬教育不應窄化爲只是針對業者所進行的專
　　業教育，還必須包含提供消費者相關知識和訊息的通識
　　教育。請對此提出你的觀察與看法。

二、課程的意義有四種：教師的教學科目、學生的學習經
　　驗、政府的文化再製、民間的社會改造，請據此對現行
　　的殯葬教育做出個人的回顧與前瞻。

三、本書建議，不久的將來要實施的殯葬專業教育二十學分
　　班，應必修「殯葬學概論」、「臨終關懷及悲傷輔導」、
　　「殯葬管理學」、「殯葬文化學」等四科，你是否認同？

四、生死學、生命教育、殯葬學、殯葬教育等，在臺灣有著
　　密切聯繫的關係，但卻又命運各異。請以置身殯葬教育
　　的學習者身分，對自己的「命運」做出反思。

終身學習

　　今天是大學指考放榜的日子，許多成績頂尖的優秀青年，都選擇進入臺大醫學系就讀，以期將來懸壺濟世，並光耀門楣。這讓我回想起三十多年前自己考大學的時代，也曾一度心儀學醫，但並非追求熱門，而是想進精神科，以治療我的顛倒夢想。無奈成天顛倒夢想絕對進不了熱門科系，倒是最冷門的哲學系收留了我，就這麼走著走著走到生死學的道路上面來，還意外地，或者說是必然地，踏進殯葬的領域。生死學無時無刻不在注視和想像生老病死，很適合我這種不斷追問人生意義與價值的人去參與學習；老實說，過去這十年我真的是在「教學相長」中成長的。尤其是從事生死學教學四年以後，因緣際會碰上一位有遠見的教育部長提倡終身學習，使得一年有七千多名各行各業的在職人士，進入新設的碩士專班就讀。

　　一九九九年普及設立「碩士在職進修專班」，是臺灣高等教育的重大里程碑。當年的教育部長林清江雖已作古，但是他所播撒的終身學習種子，卻是影響深遠，歷久彌新。碩士專班的研究生多為成年的專職人士，社會經驗豐富，學習動機強烈，與教師互動十分積極，令我受益匪淺。像我在南華生死所、銘傳教育所和中央哲學所的專班任教，感覺上從學生身上學到的事理，也許比學生從我這兒學得的還要多；教在職生的經驗，對我而言也是一種終身學習，這可說是我在二十多年來教學生涯中的最大收穫。此外還有一項重大收穫，那就是專書的寫作。正式擔任大學教職至今的十七年間，我一共做了九年半的行政主管，結果彷彿一事無成；剩下的七年半之中，我先

後完成了升等教授的論文，以及一系列的教科書。

　　當老師和寫書，是我這輩子想也沒想到的事業。大學畢業以前我的功課都很差，壓根兒就不曾考慮當老師；後來勉強考上研究所，開始體驗到為學的樂趣，就一路讀到博士，出來自然走上教書一途。大學教師寫論文是本務，為了更上層樓，還得擠出一本專書來。然而當我正式取得教授資格後，卻感到悵然若失，彷彿人生從此失去了奮鬥的目標。我曾經坐上大學教務長、主任秘書、院長、所長、系主任等各種位子，但對行政工作自覺毫無成就，當然更甭提成就感。反倒是在偶然的機緣下應邀撰寫教科書，一回生二回熟，竟然愈寫愈順。尤其到了寒暑假，不是往大陸跑，就是寫在家中每天工作十小時。想想看過去四年每逢寒暑假，我便在家爬格子，不知不覺已經寫出八種教科書。它們都跟生命教育有關，就當作是中年以後終身學習的成績單吧！

參考文獻

上海殯葬文化研究所（編）（2003）。《上海國際殯葬服務學術研討會論文集》。上海：上海殯葬文化研究所。

上海殯葬文化研究所等（編）（2003）。《新世紀公墓發展戰略學術研討會論文集》。上海：上海殯葬文化研究所。

內政部（1993）。《喪葬禮儀進修人員講習會教材參考資料》。臺北：內政部。

內政部（編）（2005）。《殯葬管理法令彙編》。臺北：內政部。

王上維（2002）。《殯葬管理法令之研究：兼論德國、日本、中國大陸制度之比較》。臺灣師範大學三民主義研究所博士學位論文。臺北：臺灣師範大學。

王夫子（1998）。《殯葬文化學——死亡文化的全方位解讀》。北京：中國社會。

王夫子（2003）。《殯葬服務學》。北京：中國社會。

王世俊等（2001）。《老年護理學》。臺北：匯華。

王北生等（2004）。《生命的暢想：生命教育視閾拓展》。北京：中國社會科學。

王宏階、賀聖迪（2004）。《殯葬心理學》。北京：中國社會。

王岳川（2003）。《發現東方》。北京：北京圖書館。

石大訓、來建礎（2004）。《葬式概論》。北京：中國社會。

石永恆等（譯）（2002）。《跨文化管理》（S. C. Schneider與 J. - L. Barsoux合著）。北京：經濟管理。

朱金龍（2002）。〈關於我國公墓行政的立法思考〉。載於上
　　海殯葬文化研究所編，《新世紀公墓發展戰略學術研討
　　會論文集》（頁1－11）。上海：上海殯葬文化研究所。

朱金龍（編）（2001）。《喪事活動指南》。上海：上海科學
　　普及。

朱金龍、吳滿琳（2004）。《殯葬經濟學》。北京：中國社
　　會。

朱敬先（2003）。《健康心理學——心理衛生》。臺北：五
　　南。

江燦騰（1997）。《臺灣當代佛教——佛光山‧慈濟‧法鼓
　　山‧中臺山》。臺北：南天。

何兆珉、陳瑞芳（2004）。《殯葬倫理學》。北京：中國社
　　會。

何福田（編）（2001）。《生命教育論叢》。臺北：心理。

余佩珊（譯）（1998）。《非營利機構的經營之道》（P. F.
　　Drucker著）。臺北：遠流。

吳仁興、陳蓉霞（2004）。《死亡學》。北京：中國社會。

宋明哲等（2002）。《風險管理》。臺北：空中大學。

李　健（2005）。〈國外殯葬法規研究綜述（上）〉。《殯葬
　　文化研究》，32，頁78－85。上海：上海殯葬文化研究
　　所。

李田樹（譯）（1999）。《杜拉克　經理人的專業與挑戰》
　　（P. F. Drucker著）。臺北：天下遠見。

李亦園（2001）。《文化與修養》。臺北：幼獅。

李松堂（2004）。《每天擁抱死亡》。北京：北京。

李茂興（譯）（1999）。《諮商與心理治療的理論與實務》
　　（G. Corey著）。臺北：揚智。

李書崇（2002）。《與死亡言和——東西方死亡現象漫談》。
　　成都：四川人民。

李復甸等（1999）。《靈骨塔使用及殯葬服務定型化契約範
　　本之研究》。臺北：內政部。

李開敏等（譯）（2002）。《與悲傷共舞——走出親人遽逝的
　　喪慟》（K. J. Doka著）。臺北：心理。

李開敏等（譯）（2003）。《悲傷輔導與悲傷治療》（J. W.
　　Worden著）。臺北：心理。

李義庭等（2000）。《臨終關懷學》。北京：中國科學技術。

李慧萍（2005）。《建構華人生命教育取向的殯葬教育》。銘
　　傳大學教育研究所碩士學位論文。臺北：銘傳大學。

沈明德、丁長有（2004）。《殯葬公共關係學》。北京：中國
　　社會。

佟筱夢（編）（2005）。《婚喪喜慶》。北京：朝華。

孟憲武（2002）。《臨終關懷》。天津：天津科學技術。

林綺雲（編）（2000）。《生死學》。臺北：洪葉。

林綺雲、張盈堃（編）（2002）。《生死教育與輔導》。臺
　　北：洪葉。

林衡道（2001）。《臺灣歷史民俗》。臺北：黎明。

林鍾沂、林文斌（譯）（1999）。《公共管理新論》（O. E.
　　Hughes著）。臺北：韋伯。

邱清華（編）（2002）。《公共衛生學》。臺北：偉華。

邱麗芬（2002）。《當前美國殯葬教育課程設計初探——兼
　　論國內殯葬相關教育的實施現況》。南華大學生死學研
　　究所碩士學位論文。嘉義：南華大學。

姚漢秋（1999）。《臺灣喪葬古今談》。臺北：臺原。

胡文郁等（1999）。〈從醫護人員角度探討癌末病人之靈性需求〉。《臺灣醫學》，3（1），頁8－19。

徐吉軍（1998）。《中國喪葬史》。南昌：江西高校。

殷居才、鄭吉林（2004）。《殯葬社會學》。北京：中國社會。

高　核等（譯）（2002）。《21世紀的管理：世界知名管理大師談管理》（S. Chowdbury編）。昆明：雲南大學。

崔國瑜、余德慧（1998）。〈從臨終照顧的領域對生命時光的考察〉。《中華心理衛生學刊》，11（3），頁27－48。

張世賢、陳恆鈞（1997）。《公共政策——政府與市場的觀點》。臺北：商鼎。

張健豪、袁淑娟（2002）。《服務業管理》。臺北：揚智。

張淑美、吳慧敏（譯）（2003）。《生死一線牽——超越失落的關係重建》（A. Kennedy著）。臺北：心理。

張靜玉等（譯）（2004）。《死亡教育與輔導》（C. A. Corr、C. M. Nabe與D. M. Corr著）。臺北：洪葉。

梁小民（2002）。《經濟學是什麼》。臺北：揚智。

許愫纓（譯）（1998）。《世界喪禮大觀》（松濤弘道著）。臺北：大展。

許慧如（譯）（2002）。《心經濟‧愛無價？》（N. Folbre著）。臺北：新新聞。

陳欣蘭（編）（1999）。《殯葬文化與設施用地永續發展學術研討會論文集》。臺北：中國土地經濟學會。

陳姿吟（2002）。《最後的遺容——遺體修復人員之專業養成》。南華大學生死學研究所碩士學位論文。嘉義：南華大學。

陳戰國、強　昱（2004）。《超越生死——中國傳統文化中的生死智慧》。開封：河南大學。

陳繼成（2003）。《臺灣現代殯葬禮儀師角色之研究》。南華大學生死學系碩士學位論文。嘉義：南華大學。

陶在樸（1999）。《理論生死學》。臺北：五南。

傅偉勳（1993）。《死亡的尊嚴與生命的尊嚴——從臨終精神醫學到現代生死學》。臺北：正中。

曾文星（編）（1996）。《華人的心理與治療》。臺北：桂冠。

舒海民、林　鳳（2004）。《殯葬經營管理學》。北京：中國社會。

鈕則誠（2003）。《醫護生死學》。臺北：華杏。

鈕則誠（2004a）。《生命教育——倫理與科學》。臺北：揚智。

鈕則誠（2004b）。《生命教育——學理與體驗》。臺北：揚智。

鈕則誠（2004c）。《教育哲學——華人應用哲學取向》。臺北：揚智。

鈕則誠（2004d）。《生命教育概論——華人應用哲學取向》。臺北：揚智。

鈕則誠（2005a）。〈國人喪葬習俗與文化〉。載於胡文郁編，《臨終關懷與實務》（頁413－451）。臺北：空中大學。

鈕則誠（2005b）。《教育學是什麼》。臺北：威仕曼。

鈕則誠（編）（2004）。《醫學倫理學——華人應用哲學取向》。臺北：華杏。

鈕則誠、王士峰（編）（2002）。《生命教育與生死管理論叢
　　第壹輯——殯葬教育與管理》。臺北：中華生死學會、
　　中華殯葬教育學會。

鈕則誠、王士峰（編）（2003）。《生命教育與生死管理論叢
　　第貳輯——生死教育與管理》。臺北：中華生死學會、
　　中華殯葬教育學會。

鈕則誠、趙可式、胡文郁（2001）。《生死學》。臺北：空中
　　大學。

鈕則誠、趙可式、胡文郁（2005）。《生死學（二版）》。臺
　　北：空中大學。

黃天中（1988）。《臨終關懷——理論與發展》。臺北：業
　　強。

黃有志（1997）。《風水與環境》。高雄：高竿傳播。

黃有志（2002）。《殯葬改革概論》。高雄：黃有志。

黃有志、鄧文龍（2001）。《往生契約概論》。高雄：黃有
　　志。

黃有志、鄧文龍（2002）。《環保自然葬概論》。高雄：黃有
　　志。

黃有志、鄧文龍（2003）。《往生契約與消費者保護》。高
　　雄：黃有志。

黃有志、鄧文龍、尤銘煌（2002）。《往生契約經營概論》。
　　高雄：黃有志。

黃有志、尉遲淦、鄧文龍（1998）。《殯葬設施公辦民營化
　　可行性之研究》。臺北：內政部。

黃松元（1994）。《健康促進與健康教育》。臺北：師大書
　　苑。

黃松元（編）（1998）。《衛生教育專題研究》。臺北：師大
　　書苑。

楊克平（編）（2003）。《安寧與緩和療護學》。臺北：偉
　　華。

楊淑智（譯）（2004）。《當代生死學》（C. A. Corr、C. M.
　　Nabe與D. M. Corr合著）。臺北：洪葉。

楊慕華（譯）（1995）。《死亡的臉》（S. B. Nuland著）。臺
　　北：時報。

葛兆光（2004）。《古代中國社會與文化十講》。北京：清華
　　大學。

達　照（2005）。《飾終——佛教臨終關懷思想與方法》。杭
　　州：浙江大學。

靳鳳林（1999）。《窺視生死線——中國死亡文化研究》。北
　　京：中央民族大學。

靳鳳林（2005）。《死，而後生——死亡現象學視閾中的生
　　存倫理》。北京：人民。

劉志軍等（2004）。《生命的律動：生命教育實踐探索》。北
　　京：中國社會科學。

劉俊麟（1999）。《臺灣生死書：婚喪習俗及法律知識》。臺
　　北：聯經。

劉濟良等（2004）。《生命的沉思：生命教育理念解讀》。北
　　京：中國社會科學。

潘志鵬（2005）。〈殯葬環保之立法概念與法律競合之處
　　置〉。《中華禮儀》，13，頁26－28。臺北：中華殯葬禮
　　儀協會。

鄭志明（2000）。《以人體爲媒介的道教》。嘉義：南華大
　　學。

鄭志明（2005a）。《臺灣傳統信仰的鬼神崇拜》。臺北：大元。

鄭志明（2005b）。《臺灣傳統信仰的宗教詮釋》。臺北：大元。

鄭志明（編）（2000）。《生命關懷與心靈治療》。嘉義：南華大學。

鄭曉江（編）（2000）。《中國死亡文化大觀》。南昌：百花洲。

賴倩瑜等（2000）。《心理衛生》。臺北：揚智。

羅素如（2000）。《殯葬人員對死亡的態度與生死學課程需求初探》。南華大學生死學研究所碩士學位論文。嘉義：南華大學。

司徒達賢（1995）。《策略管理》。臺北：遠流。

尉遲淦（2003）。《禮儀師與生死尊嚴》。臺北：五南。

尉遲淦（編）（2002）。《生死學概論》。臺北：五南。

後　記

　　沒有想到初稿在三十天之內即大功告成，唯有「意志集中，力量集中」可以解釋。接觸殯葬議題八年以來，我一直站在生死學的立場，零零碎碎、拉拉雜雜寫些相關文章，但最長的也不過上萬字篇幅。不像我對生死學、生命教育、生命倫理學、教育學、教育哲學等議題的撰述，一動筆就在十萬字以上；光是生死學專書，前後便寫出三本。然而當今年四月下旬，內政部開會通過我所提出的〈殯葬專業教育課程架構設計芻議〉，寫一本《殯葬學概論》的動機乃逐漸浮現。

　　我修正了原先撰寫生命教育系列書籍的構想，在暑假之初把一切教學事宜忙完，然後將多年來蒐羅的殯葬相關文獻一一翻閱整理，真正下筆已進入暑假第四週。從七月十一日早晨到八月九日深夜，我幾乎每天寫作十小時以上，終於完成十萬字的初稿。接著在月底，我要到濟南的山東大學醫學院去講學三週，全書待回來後再進行修訂潤飾。

　　過去我長期關注於護理專業化的知識建構，並以此為題撰寫教授升等論文。如今能夠有機會推動殯葬專業化，且在知識建構和教育推廣方面作出貢獻，可說與有榮焉。希望以此與產官學各界關心殯葬改革的朋友共勉。

鈕則誠

二○○五年八月九日

附錄　殯葬管理條例

殯葬管理條例總說明

　　現行「墳墓設置管理條例」係民國七十二年十一月十一日公布施行，迄今已逾十八年，不唯條文規定過於簡略，難以達成制定之效果，且僅以公墓及私人墳墓之設置及管理爲規範對象，難以符合社會實際需要。蓋除公墓設置應予管理之外，尚應包括殯儀館、火化場、納骨灰（骸）設施之設置管理，殯葬服務業及殯葬行爲之管理，無論法案精神、架構或條文內容，均已做巨幅變革，非現行墳墓設置管理條例所能涵蓋，因此本條例草案採制定新法方式，以期公布施行之同時，廢止現行墳墓設置管理條例。

　　爲配合建設臺灣爲綠色矽島之願景，應在人文生態、知識經濟發展及社會公義之架構理念下，規範殯葬設施、殯葬服務及殯葬行爲。其中殯葬設施部分，除考量公共衛生、永續經營之外，並兼顧殯葬方式多元化及規劃人性化、綠美化；殯葬服務業部分，除建立經營許可及一定規模以上置專任禮儀師等制度之外，並要求收費標準等消費資訊透明、殯葬生前服務契約預收費用之一定比例應交付信託；至於殯葬行爲之規範，則應包括禁止巧立名目，強索增加費用，禁止擅自轉介承攬意外事件，或不明原因死亡屍體之殯葬服務，以及辦理殮殯事宜妨礙公共通行、公共安寧等規範。其他如考量因地制宜，授予地方政府更多殯葬管理之自治權限，及賦予亡故者在世時對殯葬儀式之自主權等，均應以法律予以明文。「殯葬管理條例」共分七章，計七十六條，其要點如次：

一、第一章總則：揭示立法目的、標舉用詞定義、各級主管機關及殯葬業務之權限。（第一條至第四條）

二、第二章殯葬設施之設置管理：規範殯儀館、火化場、骨灰（骸）存放設施等之設置主體、面積限制、施工期限、地點距離限制、應有

殯葬學
概論

設施、啓用及販售條件及自然葬之實施。（第五條至第十九條）

三、第三章殯葬設施之經營管理：規範移動式火化設施之經營；屍體埋
葬、骨骸起掘及骨灰之處理方式；火化屍體應檢附之文件及處理期
限；公墓內墓基面積、棺柩埋葬深度及墓頂高度、使用年限之限
制；墳墓起掘許可之要件；殯葬設施更新、維護、遷移、管理之查
核與評鑑獎勵；管理費專戶之設置；墳墓遷葬之處理。（第二十條
至第三十六條）

四、第四章殯葬服務業之管理及輔導：明定殯葬服務業之分類、經營之
許可、登記與開始營業期限；具一定規模之殯葬服務業應聘僱專任
「禮儀師」及「禮儀師」得執行之業務項目；殯葬服務業者應將服
務資訊公開、承攬業務應簽訂書面契約；「生前殯葬服務契約」預
先收取之費用百分之七十五應交付信託；直轄市、縣（市）主管機
關對於殯葬服務業應定期實施評鑑與獎勵，其公會應舉辦業務觀摩
交流及教育訓練，殯葬服務業得派員接受講習或訓練及殯葬業自行
停止營業之處置。（第三十七條至第四十九條）

五、第五章殯葬行為之管理：將道路搭棚治喪納入管理；殯葬服務業禁
止提供或媒介非法殯葬設施、應於出殯前將出殯行經路線報請備
查，於提供服務時，禁止妨礙公眾安寧、善良風俗，規範不得使用
擴音設備之時段；禁止憲警人員轉介承攬服務。（第五十條至第五十
四條）

六、第六章罰則：對於違反第二章至第五章有關之規定者，分別依其情
節明定其處罰之方式。（第五十五條至第六十九條）

七、第七章附則：為落實殯葬設施管理，主管機關應擬訂計畫及編列預
算；本條例施行前依法設置之私人墳墓，僅得依原規模修繕；明定
施行細則之訂定機關、條例施行日。（第七十條至第七十六條）

殯葬管理條例

條　　文	說　　明
殯葬管理條例	殯儀館、火化場及納骨塔等殯葬設施，原授權由省（市）政府核准設置並訂定管理辦法規範，因其設置及管理涉及人民權益甚鉅，地方政府及民間迭有建議，應提升其規定爲法律位階，爰將殯儀館、火化場及納骨塔等殯葬設施之設置及管理納入規範，與墳墓合併統稱爲殯葬設施，並定爲本條例之名稱。
第一章　總則 第一條 　　爲促進殯葬設施符合環保並永續經營；殯葬服務業創新升級，提供優質服務；殯葬行爲切合現代需求，兼顧個人尊嚴及公眾利益，以提升國民生活品質，特制定本條例。 　　本條例未規定者，適用其他法律之規定。	一、揭示立法目的及法律適用順序。 二、配合倡導建設臺灣爲綠色矽島之願景，擷取以人文爲中心，環境保護及生態保育爲上層，知識經濟發展及社會公義爲支撐之架構理念，以期規範殯葬設施、殯葬服務及殯葬行爲。
第二條 　　本條例用詞定義如下： 一、殯葬設施：指公墓、殯儀館、火化場及骨灰（骸）存放設施。 二、公墓：指供公眾營葬屍體、埋藏骨灰或供樹葬之設施。 三、殯儀館：指醫院以外，供屍體處理及舉行殮、殯、奠、祭儀式之設施。 四、火化場：指供火化屍體或骨骸之場所。 五、骨灰（骸）存放設施：指供存放骨灰（骸）之納骨堂（塔）、納骨牆或其他形式之存放設施。 六、骨灰再處理設備：指加工處理火化後之骨灰，使成更細小之顆粒或縮小體積之設備。 七、擴充：指增加殯葬設施土地面積。 八、增建：指增加殯葬設施原建築物之面積	一、就本條例有關名詞加以界定。 二、本條例對殯葬設施之設置、經營管理均列專章規範，本條第一款爰就殯葬設施予以明確定義，俾明規範對象。 三、本條第五款係爲骨灰（骸）之存放，除現行爲民眾熟知納骨（堂）塔外，爲利未來推動其他更具環保意義，貼近家屬感情或特殊之存放方式，爰將其存放設施統稱爲骨灰（骸）存放設施。 四、本條第十一款所稱移動式火化設施，係爲解決火化場供給不足，所新開放之火化設施，爲妥適管理，爰予明確

條　文	說　明
或高度。 九、改建：指拆除殯葬設施原建築物之一部 　　　分，於原建築基地範圍內改建，而不增 　　　加高度或擴大面積。 十、樹葬：指於公墓內將骨灰藏納土中，再 　　　植花樹於上，或於樹木根部周圍埋藏骨 　　　灰之安葬方式。 十一、移動式火化設施：指組裝於車、船等 　　　　交通工具，用於火化屍體、骨骸之設 　　　　施。 十二、生前殯葬服務契約：指當事人約定於 　　　　一方或其約定之人死亡後，由他方提供 　　　　殯葬服務之契約。	規範。
第三條 　　本條例所稱主管機關：在中央為內政部；在 直轄市為直轄市政府；在縣（市）為縣（市）政 府；在鄉（鎮、市）為鄉（鎮、市）公所。 　　主管機關之權責劃分如下： 一、中央主管機關： 　　㈠殯葬管理制度之規劃設計、相關法令 　　　之研擬及禮儀規範之訂定。 　　㈡對地方主管機關殯葬業務之監督。 　　㈢殯葬服務業證照制度之規劃。 　　㈣殯葬服務定型化契約之擬定。 　　㈤全國性殯葬統計及政策研究。 二、直轄市、縣（市）主管機關： 　　㈠直轄市、縣（市）公立殯葬設施之設 　　　置、經營及管理。 　　㈡殯葬設施專區之規劃及設置。 　　㈢對轄內私立殯葬設施之設置核准、監 　　　督、管理、評鑑及獎勵。 　　㈣對轄內鄉（鎮、市）公立殯葬設施設 　　　置、更新、遷移之核准。 　　㈤對轄內鄉（鎮、市）公立殯葬設施之 　　　監督、評鑑及獎勵。 　　㈥殯葬服務業之設立許可、經營許可、 　　　輔導、管理、評鑑及獎勵。	依地方制度法第十八條第三款第 五目、第十九條第三款第五目、 第二十條第三款第三目規定，殯 葬設施之設置及管理分別為直轄 市、縣（市）、鄉（鎮、市）自 治事項，為釐清內政部、直轄 市、縣（市）、鄉（鎮、市）政 府權責之劃分，爰明定本條例各 級主管機關及殯葬業務之權限。

條　　文	說　　明
（七）違法設置、擴充、增建、改建或經營 　　殯葬設施之取締及處理。 （八）違法從事殯葬服務業及違法殯葬行爲 　　之處理。 （九）殯葬消費資訊之提供及消費者申訴之 　　處理。 （十）殯葬自治法規之擬（制）定。 　三、鄉（鎮、市）主管機關： 　（一）鄉（鎮、市）公立殯葬設施之設置、 　　經營及管理。 　（二）埋葬、火化及起掘許可證明之核發。 　（三）違法設置、擴建、增建、改建殯葬設 　　施、違法從事殯葬服務業及違法殯葬 　　行爲之查報。 　前項第三款第一目之設置，須經縣（市）主 管機關之核准；第二目、第三目之業務，於直轄 市或市，由直轄市或市主管機關辦理之。	
第四條 　爲處理殯葬設施之設置、經營等相關事宜， 直轄市及縣（市）主管機關得設殯葬設施審議委 員會。 　殯葬設施審議委員會之組織及審議程序，由 直轄市及縣（市）主管機關定之。	一、明定殯葬設施設置與經營之 　審議單位。 二、爲使殯葬設施之設置及經營 　更具因地制宜之彈性，凡面 　積規模、地點距離之安適 　性、公辦民營方式及合作對 　象之選擇，相關爭議之協處 　等，如得設置審議委員會， 　藉由專家學者及政府代表之 　合議制功能，將可提升殯葬 　設施之設置品質及經營效 　率。
第二章　殯葬設施之設置管理 第五條 　直轄市、縣（市）及鄉（鎮、市）主管機 關，得分別設置下列公立殯葬設施： 　一、直轄市、市主管機關：公墓、殯儀館、 　　火化場、骨灰（骸）存放設施。 　二、縣主管機關：殯儀館、火化場。	一、明定公立殯葬設施之設置種 　類與設置主體之行政層級。 二、殯儀館及火化場原則採跨鄉 　（鎮、市）設置，以符合有 　效之經營規模。 三、爲因應殯葬服務未來需求， 　設置殯葬設施依功能分區，

條　　　　文	說　　明
三、鄉（鎮、市）主管機關：公墓、骨灰（骸）存放設施。 　　縣主管機關得視需要設置公墓及骨灰（骸）存放設施；鄉（鎮、市）主管機關得視需要設置殯儀館及火化場。 　　直轄市、縣（市）得規劃、設置殯葬設施專區。	有利提供一貫服務及環境衛生管理，爰規定直轄市、縣（市）得依其需要規劃設置殯葬設施專區。
第六條 　　私人或團體得設置私立殯葬設施。 　　私立公墓之設置或擴充，由直轄市、縣（市）主管機關視其設施內容及性質，定其最小面積。但山坡地設置私立公墓，其面積不得小於五公頃。 　　前項私立公墓之設置，經主管機關核准，得依實際需要，實施分期分區開發。	一、明定私立殯葬設施之設置主體。 二、私立公墓之經營宜符合一定之經濟規模，惟經濟規模大小因私立公墓內設施內容與性質而有所差異，例如純屬墳墓埋葬與包含殯儀館、火葬場、納骨塔設施之面積要求不盡相同，因此授權地方主管機關定其面積最小限制。 三、由於臺灣之山坡地歷經數十年人為開發、地震、豪雨等破壞，亟需休養生息，不宜小面積零星設置公墓，故明定面積最小限制五公頃以上。
第七條 　　殯葬設施之設置、擴充、增建或改建，應備具下列文件報請直轄市、縣（市）主管機關核准；其由直轄市、縣（市）主管機關辦理者，報請中央主管機關備查： 　　一、地點位置圖。 　　二、地點範圍之地籍謄本。 　　三、配置圖說。 　　四、興建營運計畫。 　　五、管理方式及收費標準。 　　六、經營者之證明文件。	一、明定設置、擴充、增建、改建殯葬設施之報准與報准後之施工期限。 二、為免私立殯葬設施經設置、擴充、增建及改建之核准後，延宕過久未施工，致核准考量之條件已有變動，卻仍按舊條件施工，有損公共利益之情事發生，爰於第三項、第四項規定核准後之施工期限及得延長之期限。

條　文	說　明
七、土地權利證明或土地使用同意書及土地登記謄本。 　　第一項殯葬設施土地跨越直轄市、縣（市）行政區域者，應向該殯葬設施土地面積最大之直轄市、縣（市）主管機關申請核准，受理機關並應通知其他相關之直轄市、縣（市）主管機關會同審查。 　　私立殯葬設施經核准設置、擴充、增建及改建者，除有特殊情形報經主管機關延長者外，應於核准之日起一年內施工，逾期未施工者，廢止其核准，私立公墓應於開工後五年內完工。 　　前項延長期限最長以六個月為限。	
第八條 　　設置、擴充公墓或骨灰（骸）存放設施，應選擇不影響水土保持、不破壞環境保護、不妨礙軍事設施及公共衛生之適當地點為之；其與下列第一款地點距離不得少於一千公尺，與第二款、第三款及第六款地點距離不得少於五百公尺，與其他各款地點應因地制宜，保持適當距離。但其他法律或自治法規另有規定者，從其規定： 　一、公共飲水井或飲用水之水源地。 　二、學校、醫院、幼稚園、托兒所。 　三、戶口繁盛地區。 　四、河川。 　五、工廠、礦場。 　六、貯藏或製造爆炸物或其他易燃之氣體、油料等之場所。 　　前項公墓專供樹葬者，得縮短其與第一款至第五款地點之距離。	一、明定設置、擴充公墓之地點距離限制。 二、除公共飲水井或飲用水之水源地、學校及貯藏或製造爆炸物或其他易燃之氣體、油料等之場所維持原距離限制規定之外，其餘地點均授權地方政府考量因地制宜，保持適當之距離。因此，位於原住民鄉（鎮）之公立公墓，得由縣政府審酌生活習俗、地理環境及水土保持實際需要，合理調整公墓與河川之距離限制。位於離島鄉之公立公墓亦得由縣政府調整公墓與戶口繁盛地區之距離。 三、由於樹葬係將火化後經特殊處理之骨灰藏納土中，植樹其上，不論景觀或衛生均不會產生妨礙，故專供樹葬之公墓，允許縮短其與第一款至第五款地點之距離。

條　　文	說　　明
第九條 　　設置、擴充殯儀館或火化場及非公墓內之骨灰（骸）存放設施，應與前條第一項第二款規定之地點距離不得少於三百公尺，與第六款規定之地點距離不得少於五百公尺，與第三款戶口繁盛地區應保持適當距離。 　　都市計畫範圍內劃定爲殯儀館、火化場或骨灰（骸）存放設施用地依其指定目的使用，或在非都市土地已設置公墓範圍內之墳墓用地者，不在此限。 　　於原有公墓部分面積作其他用途使用者，不適用前項規定。	一、設置、擴充殯儀館、火化場及非公墓內之骨灰（骸）存放設施，因不涉及埋葬屍體，較無影響公共飲水井或飲用水之水源地，但爲免妨礙公共安寧，並基於民情與公共安全考量，爰規定其應與第八條第一項第二款、第三款及第六款規定之地點保持適當距離。 二、因殯葬設施具高鄰避性，其設置地點於都會區內尤其難覓，故規定都市計畫範圍內劃定爲殯儀館、火化場或骨灰（骸）存放設施用地依其指定目的使用，或在非都市土地已設置公墓範圍內之墳墓用地者，不受前項距離規定之限制。
第十條 　　對於教育、文化、藝術有重大貢獻者，於其死亡後，經其出生地鄉（鎮、市、區）滿二十歲之居民二分之一以上之同意，並經殯葬設施審議委員會審議通過者，得於該鄉（鎮、市、區）內適當地點設公共性之紀念墓園。 　　前項紀念墓園，以存放骨灰爲限，並得不受前條規定之限制。 　　第一項之申請辦法及審議應備之條件，由直轄市、縣（市）主管機關定之。	一、明定公共性紀念墓園之設置及審議規範。 二、爲肯定對於教育、文化、藝術有重大貢獻之已故社區居民，並凝聚社區居民之向心力，共同參與社區事務，藉此改變民眾對墓園的觀感，爰予明定。
第十一條 　　依本條例規定設置或擴充之公立殯葬設施用地屬私有者，經協議價購不成，得依法徵收之。	明定公立殯葬設施用地屬私有之取得之方式。

條　　文	說　　明
第十二條 　　公墓應有下列設施： 　　一、墓基。 　　二、骨灰（骸）存放設施。 　　三、服務中心。 　　四、公共衛生設備。 　　五、排水系統。 　　六、給水及照明設備。 　　七、墓道。 　　八、停車場。 　　九、聯外道路。 　　十、公墓標誌。 　　十一、其他依法應設置之設施。 　　前項第七款之墓道，分墓區間道及墓區內步道，其寬度分別不得小於四公尺及一點五公尺。 　　公墓周圍應以圍牆、花木、其他設施或方式，與公墓以外地區作適當之區隔。 　　專供樹葬之公墓得不受第一項第一款、第二款及第十款規定之限制。 　　位於山地鄉之公墓，得由縣主管機關斟酌實際狀況定其應有設施，不受第一項規定之限制。	一、明定公墓應有設施及墓道寬度。 二、墓區間道係供公墓內載運棺柩、開挖墓穴等機動車輛通行使用；墓區內步道供行人通行使用。 三、因原住民之風俗習慣及生活條件特殊，故授權山地鄉隸屬轄區之縣政府審酌實際狀況予以施設。
第十三條 　　殯儀館應有下列設施： 　　一、冷凍室。 　　二、屍體處理設施。 　　三、解剖室。 　　四、消毒設備。 　　五、污水處理設施。 　　六、停柩室。 　　七、禮廳及靈堂。 　　八、悲傷輔導室。 　　九、服務中心及家屬休息室。 　　十、公共衛生設備。 　　十一、停車場。 　　十二、聯外道路。 　　十三、其他依法應設置之設施。	一、明定殯儀館應有設施。 二、有鑑於近幾年來，尤其九二一震災以後，國人因遭喪親之痛，難以釋懷，走上自殺一途之案例偶有所聞，爰參考歐美國家殯儀館之作法，明定悲傷輔導室為殯儀館之應有設施，以強化殯儀館之悲傷輔導功能及凸顯殯儀人文關懷意義。

條　　　文	說　　　明
第十四條 　　火化場應有下列設施： 一、撿骨室及骨灰再處理設備。 二、火化爐。 三、祭拜檯。 四、服務中心及家屬休息室。 五、公共衛生設備。 六、停車場。 七、聯外道路。 八、其他依法應設置之設施。	明定火化場應有設施。
第十五條 　　骨灰（骸）存放設施應有下列設施： 一、納骨灰（骸）設備。 二、祭祀設施。 三、服務中心及家屬休息室。 四、公共衛生設備。 五、停車場。 六、聯外道路。 七、其他依法應設置之設施。	明定骨灰（骸）存放設施應有設施。
第十六條 　　殯葬設施得分別或共同設置，其經營者相同，且殯葬設施相鄰者，第十二條至前條規定之應有設施得共用之。 　　第十二條至前條所定聯外道路，其寬度不得小於六公尺。 　　第十二條至前條設施之設置標準，由直轄市、縣（市）主管機關定之。	一、為節省土地資源，明定殯葬設施應有設施得共用。 二、為便利通行，參照現行都市計畫道路寬度最小六公尺之作法，規定殯葬設施聯外道路寬度之最小限制。
第十七條 　　殯葬設施規劃應以人性化為原則，並與鄰近環境景觀力求協調，其空地宜多植花木。 　　公墓內應劃定公共綠化空地，綠化空地面積占公墓總面積比例，不得小於十分之三。公墓內墳墓造型採平面草皮式者，其比例不得小於十分之二。	一、明定殯葬設施規劃原則及公墓綠化面積比例。 二、樹葬之作法本身即有綠美化公墓之功能，因此，為鼓勵公墓多經營樹葬，爰規定樹葬面積得計入綠化空地面積。

條　　文	說　　明
於山坡地設置之公墓，應有前項規定面積二倍以上之綠化空地。 　　專供樹葬之公墓或於公墓內劃定一定區域實施樹葬者，其樹葬面積得計入綠化空地面積。但在山坡地上實施樹葬面積得計入綠化空地面積者，以喬木爲之者爲限。 　　實施樹葬之骨灰，應經骨灰再處理設備處理後，始得爲之。以裝入容器爲之者，其容器材質應易於腐化且不含毒性成分。	三、樹葬係提倡於公墓內辦理多元葬法之實施方式之一，實施樹葬之骨灰，應經骨灰再處理設備處理後，始得爲之。以裝入容器爲之者，其容器材質應易於腐化且不含毒性成分，使骨灰與大地合而爲一。
第十八條 　　設置、擴充、增建或改建殯葬設施完竣，應備具相關文件，經直轄市、縣（市）主管機關檢查符合規定，並將殯葬設施名稱、地點、所屬區域及設置者之名稱或姓名公告後，始得啓用、販售墓基或骨灰（骸）存放單位。其由直轄市、縣（市）主管機關設置、擴充、增建或改建者，應報請中央主管機關備查。 　　前項應備具之文件，由直轄市、縣（市）主管機關定之。	一、明定殯葬設施之啓用及販售條件。 二、爲確保服務品質及防止預售之消費糾紛，爰明定殯葬設施未經檢查符合規定，不得啓用、販售墓基或骨灰（骸）存放單位。 三、設置、擴充、增建或改建殯葬設施，應備具相關文件之具體內容，由直轄市、縣（市）主管機關定之。
第十九條 　　直轄市、縣（市）主管機關得會同相關機關劃定一定海域，實施骨灰拋灑；或於公園、綠地、森林或其他適當場所，劃定一定區域範圍，實施骨灰拋灑或植存。 　　前項骨灰之處置，應經骨灰再處理設備處理後，始得爲之。如以裝入容器爲之者，其容器材質應易於腐化且不含毒性成分。實施骨灰拋灑或植存之區域，不得施設任何有關喪葬外觀之標誌或設施，且不得有任何破壞原有景觀環境之行爲。 　　第一項骨灰拋灑或植存之實施規定，由直轄市、縣（市）主管機關定之。	一、明定骨灰之存放、墓葬及塔葬外之其他方式，俾利更符合環保及多元化需求。 二、非墓葬之骨灰處理方式乃最能實現土地循環利用或重複利用，節省土地資源之殯葬方式。爲配合綠色矽島之建設願景，力求環境之永續發展，爰明定直轄市、縣（市）主管機關得劃定海域或公園、綠地、森林等一定區域範圍，實施骨灰拋灑或植存。 三、本條骨灰拋灑或植存係於公

條　　文	說　　明
	墓外實施，故明定不得施設任何有關喪葬外觀之標誌或設施，且不得有任何破壞原有景觀環境之行爲。
第三章　　殯葬設施之經營管理 **第二十條** 　　直轄市、縣（市）或鄉（鎮、市）主管機關，爲經營殯葬設施，得設殯葬設施管理機關（構），或置殯葬設施管理人員。 　　前項殯葬設施於必要時，並得委託民間經營。	一、明定殯葬設施管理單位或管理人員之設置，以強化地方殯葬管理行政組織。 二、爲利用民間豐沛之資金、人才與技術，以提升殯葬設施之經營效率，爰規定主管機關於必要時得委託民間經營。
第二十一條 　　殯儀館及火化場經營者得向直轄市、縣（市）主管機關申請使用移動式火化設施，經營火化業務；其火化之地點，以合法設置之殯葬設施及其他經直轄市、縣（市）主管機關核准之範圍內爲限。 　　前項設施之設置標準及管理辦法，由中央主管機關會同相關機關定之。	一、明定移動式火化設施經營火化業務之申請主體與火化地點限制。 二、臺閩地區公私立火化場分布不均，政府雖鼓勵增建，惟因國人環境品質要求日益提高，對於火化場是類高鄰避性設施之設置案，往往群起抗爭，阻礙設置，爲解決火化場之供給不足，爰明定殯儀館及火化場得申請使用移動式火化設施經營火化業務。惟爲防範弊端，乃明文限制其申請使用者及火化之地點。
第二十二條 　　埋葬屍體，應於公墓內爲之。骨骸起掘後，應存放於骨灰（骸）存放設施或火化處理。 　　骨灰除本條例或自治法規另有規定外，以存放於骨灰（骸）存放設施爲原則。 　　公墓不得收葬未經核發埋葬許可證明之屍	一、明定屍體埋葬、骨骸起掘及骨灰之處理方式。 二、明定公墓收葬、骨灰（骸）存放及火化場或移動式火化設施火化屍體，應檢附埋葬或火化許可證明及該證明之

條　　文	說　　明
體。骨灰（骸）之存放或埋藏，應檢附火化許可證明、起掘許可證明或其他相關證明。火化場或移動式火化設施，不得火化未經核發火化許可證明之屍體。但依法遷葬者，不在此限。 　　申請埋葬、火化許可證明者，應檢具死亡證明文件，向直轄市、市、鄉（鎮、市）主管機關或其授權之機關申請核發。	申請核發，以防不明原因死亡之屍體遭收葬或火化，危害社會秩序，及妨礙刑事偵察之進行。
第二十三條 　　公墓內應依地形劃分墓區，每區內劃定若干墓基，編定墓基號次，每一墓基面積不得超過八平方公尺。但二棺以上合葬者，每增加一棺，墓基得放寬四平方公尺。其屬埋藏骨灰者，每一骨灰盒（罐）用地面積不得超過零點三六平方公尺。 　　直轄市、縣（市）主管機關為節約土地利用，得考量實際需要，酌減前項面積。	一、明定公墓內劃分墓區與墓基面積之限制。 二、有鑑於先進國家，例如美國之草坪式墓基僅使用八平方公尺左右之面積；日本晚期開發之墓園，其埋藏骨灰盒之墓基約三至四平方公尺，每個墓基可放置十二個骨灰盒；又如德國多特蒙德市土葬墓地平均面積在五至八平方公尺左右，均相當節約土地資源，由於臺灣土地相較先進國家更稀少珍貴，為配合提升火化進塔率及推動火化後自然葬方式，爰作墓基面積限制規定。 三、為因應國人「入土為安」之需要，爰增定火化土葬及其墓基面積之相關規定，以提高火化率及減少傳統土葬耗費土地資源之情形。
第二十四條 　　埋葬棺柩時，其棺面應深入地面以下至少七十公分，墓頂至高不得超過地面一公尺五十分，墓穴並應嚴密封固。因地方風俗或地質條件特殊報經直轄市、縣（市）主管機關核准者，不在此限。但其墓頂至高不得超過地面二公尺。	一、明定棺柩埋葬深度及墓頂高度。 二、為免公墓埋葬棺柩後，因自然力沖刷而曝露地表，故明定埋葬深度。另為免墓頂高度不一，致墓園景觀雜亂或

條　文	說　明
埋藏骨灰者，應以平面式爲之。但以公共藝術之造型設計，經殯葬設施審議委員會審查通過者，不在此限。	產生前後墳墓之視野阻隔，故限制墓頂之高度。 三、有關埋藏骨灰採公共藝術之造型設計，爲免影響公墓景觀，係指個案營葬，亦應送請審議委員會審查。
第二十五條 　　直轄市、縣（市）或鄉（鎮、市）主管機關得經同級立法機關議決，規定公墓墓基及骨灰（骸）存放設施之使用年限。 　　前項埋葬屍體之墓基使用年限屆滿時，應通知遺族撿骨存放於骨灰（骸）存放設施或火化處理之。埋藏骨灰之墓基及骨灰（骸）存放設施使用年限屆滿時，應由遺族依規定之骨灰拋灑、植存或其他方式處理。無遺族或遺族不處理者，由經營者存放於骨灰（骸）存放設施或以其他方式處理之。	一、明定公墓墓基與骨灰（骸）存放設施使用年限之議決及使用年限屆滿之處理方式，以促進土地之循環利用，節約土地資源。 二、明定存放設施於使用年限屆滿，應由遺族或經營者處理及其處理方式。
第二十六條 　　公墓內之墳墓棺柩、屍體或骨灰（骸），非經直轄市、市、鄉（鎮、市）主管機關或其授權之機關核發起掘許可證明者，不得起掘。但依法遷葬者，不在此限。	明定墳墓起掘許可之要件。
第二十七條 　　直轄市、縣（市）或鄉（鎮、市）主管機關對其公立公墓內或其他公有土地上之無主墳墓，得經公告三個月確認後，予以起掘爲必要處理後，火化或存放於骨灰（骸）存放設施。	一、明定無主墳墓之確認起掘與處理方式。 二、爲免無主墳墓之存放，影響土地資源之使用，爰規定得集中存放，以節省土地資源。
第二十八條 　　公立殯葬設施有下列情形之一，直轄市、縣（市）、鄉（鎮、市）主管機關得辦理更新或遷移：	明定殯葬設施更新或遷移之時機及辦理更新或遷移計畫之核准或備查。

條　文	說　明
一、不敷使用者。 二、遭遇天然災害致全部或一部無法使用。 三、全部或一部地形變更。 四、其他特殊情形。 　辦理前項公立殯葬設施更新或遷移，應擬具更新或遷移計畫。其由鄉（鎮、市）主管機關更新或遷移者，應報請縣主管機關核准；其由直轄市、縣（市）主管機關更新或遷移者，應報請中央主管機關備查。 　符合第一項各款規定情形之私立殯葬設施，其更新或遷移計畫，應報請直轄市、縣（市）主管機關核准。	
第二十九條 　公墓、骨灰（骸）存放設施應設置登記簿永久保存，並登載下列事項： 一、墓基或骨灰（骸）存放單位編號。 二、營葬或存放日期。 三、受葬者之姓名、性別、出生地及生死年月日。 四、墓主或存放者之姓名、國民身分證統一編號、出生地、住址與通訊處及其與受葬者之關係。 五、其他經主管機關指定應記載之事項。	明定公墓、骨灰（骸）存放設施登記簿之設置，以利日常管理。
第三十條 　殯葬設施內之各項設施，經營者應妥爲維護。 　公墓內之墳墓及骨灰（骸）存放設施內之骨灰（骸）櫃，其有損壞者，經營者應即通知墓主或存放者。	明定殯葬設施內各項設施之維護及墳墓、骨灰（骸）櫃損壞之通知。
第三十一條 　私立殯葬設施於核准設置、擴充、增建或改建後，其核准事項有變更者，應備具相關文件報請直轄市、縣（市）主管機關核准。	明定私立殯葬設施備具文件記載內容變更之報請核准，以利行政管理。

條　　文	說　　明
第三十二條 　　私立公墓、骨灰（骸）存放設施經營者應以收取之管理費設立專戶，專款專用。本條例施行前已設置之私立公墓、骨灰（骸）存放設施，亦同。 　　前項管理費專戶管理辦法，由中央主管機關定之。	一、管理費專戶之設置。 二、爲免私立公墓、骨灰（骸）存放設施經營者因故荒廢管理維護工作，損及消費者之權益，爰參考美國之作法，明定經營者應以收取管理費設立專戶，專款專用於管理維護工作。
第三十三條 　　私立或以公共造產設置之公墓、骨灰（骸）存放設施經營者，應將管理費以外之其他費用，提撥百分之二，交由殯葬設施基金管理委員會，依信託本旨設立公益信託，支應重大事故發生或經營不善致無法正常營運時之修護、管理等費用。本條例施行前已設置尚未出售之私立公墓、骨灰（骸）存放設施，自本條例施行後，亦同。 　　前項殯葬設施基金管理委員會成員至少包含經營者、墓主、存放者及社會公正人士，其中墓主及存放者總人數比例不得少於二分之一。 　　第一項殯葬設施基金管理委員會之組織及審議程序，由直轄市、縣（市）主管機關定之。	一、私立或以公共造產設置之公墓、骨灰（骸）存放設施之設立以永續經營爲原則，爰明定不論於本條例公布施行前或施行後，該類殯葬設施經營者應以收取管理費以外如墓基使用費、骨灰（骸）存放單位費等其他費用提撥一定比例，交由殯葬設施基金管理委員會以公益信託方式處理，作爲支應重大事故發生或經營不善致無法正常營運時之修護、管理等費用，以確保民眾權益。 二、公共造產係縣（市）、鄉（鎮、市）依其地方特色及資源，所經營具有經濟價值之事業，其所得賸餘，除留供縣（市）政府、鄉（鎮、市）公所所設置之公共造產基金運用外，其餘解繳各該公庫，爰與私立公墓併同納入規範。 三、明定私立或以公共造產設置之公墓、骨灰（骸）存放設施收費之設立公益信託及殯葬設施基金管理委員會之設置。

條　　文	說　　明
	四、爲保障消費者權益，第二項殯葬設施基金管理委員會成員中，墓主及存放者比例不得少於二分之一。
第三十四條 　　直轄市、縣（市）主管機關對轄區內殯葬設施，應每年查核管理情形，並辦理評鑑及獎勵。 　　前項查核、評鑑及獎勵之實施規定，由直轄市、縣（市）主管機關定之。	明定殯葬設施管理之查核及評鑑獎勵。
第三十五條 　　依法設置之墳墓，因情事變更致有妨礙軍事設施、公共衛生、都市發展或其他公共利益之虞，經直轄市、縣（市）主管機關轉請目的事業主管機關認定屬實者，應予遷葬。但經公告爲古蹟者，不在此限。 　　前項應行遷葬之墳墓，應發給遷葬補償費；其補償基準，由直轄市、縣（市）主管機關定之。	明定依法設置墳墓遷葬之認定與遷葬補償費之發給。
第三十六條 　　依法應行遷葬之墳墓，直轄市、縣（市）主管機關應於遷葬前先行公告，限期自行遷葬，並應以書面通知墓主，及在墳墓前樹立標誌。但無主墳墓，不在此限。 　　前項期限，自公告日起，至少應有三個月之期間。 　　墓主屆期未遷葬者，除有特殊情形提出申請，經直轄市、縣（市）主管機關核准延期者外，視同無主墳墓，依第二十七條規定處理之。	明定墳墓遷葬程序及屆期未遷葬之處理。
第四章　殯葬服務業之管理及輔導 第三十七條 　　殯葬服務業分殯葬設施經營業及殯葬禮儀服務業。	一、明定殯葬服務業之分類。 二、殯葬設施經營業係指以經營公墓、殯儀館、火化場、骨灰（骸）存放設施爲業者；

條　　文	說　　明
	殯葬禮儀服務業指以承攬處理殯葬事宜爲業者。
第三十八條　　經營殯葬服務業，應向所在地直轄市、縣（市）主管機關申請設立許可後，依法辦理公司或商業登記，並加入殯葬服務業之公會，始得營業。其他法人依其設立宗旨，從事殯葬服務業者，應向所在地直轄市、縣（市）主管機關申請經營許可，領得經營許可證書，始得營業。　　殯葬服務業於前項許可設立之直轄市、縣（市）以外之直轄市、縣（市）營業，應持原許可設立證明報請營業所在地直轄市、縣（市）主管機關備查，並受其管理。　　殯葬服務業依法辦理公司、商業登記或領得經營許可證書後，應於六個月內開始營業，屆期未開始營業者，由主管機關廢止其許可。但有正當理由者，得申請展延，其期限以三個月爲限。　　第一項申請許可之事項及其應備文件，由中央主管機關定之。	一、明定經營殯葬服務業之許可、登記與開始營業期限。二、爲維持殯葬服務交易之秩序，將殯葬服務業之規範法制化，明定經營殯葬服務，應向所在地之殯葬業務主管機關申請設立許可，辦理公司或營業登記並加入殯葬服務業之公會，俾利管理，並維持服務品質。
第三十九條　　殯葬服務業具一定規模者，應置專任禮儀師，始得申請許可及營業。　　禮儀師之資格及管理，另以法律定之。　　第一項一定規模，由中央主管機關於前項法律施行後定之。	一、明定具一定規模之殯葬服務業應置禮儀師方得申請許可及營業，以提升服務品質。二、禮儀師係屬專技人員，爰明定另定專法規範之。
第四十條　　具有禮儀師資格者得執行下列業務：一、殯葬禮儀之規劃及諮詢。二、殯殮葬會場之規劃及設計。三、指導喪葬文書之設計及撰寫。四、指導或擔任出殯奠儀會場司儀。五、臨終關懷及悲傷輔導。六、其他經主管機關核定之業務項目。　　未取得禮儀師資格者，不得以禮儀師名義執行前項各款業務。	一、明定禮儀師得執行之業務。二、參考社會工作師法之立法精神，明定禮儀師得執行之業務項目，以降低證照制度實施後，對現有執業者之衝擊，並明定非經考試及格，並取得禮儀師資格者，不得以禮儀師名義執行業務，俾利消費者辨別與選擇。

條　文	說　明
第四十一條 　　有下列各款情形之一者，不得申請經營殯葬服務業；其經許可者，廢止其許可。本條例施行前已依法成立或登記之殯葬服務業，於本條例施行後，其負責人有下列各款情形之一者，亦同： 　一、無行為能力或限制行為能力者。 　二、受破產之宣告尚未復權者。 　三、犯詐欺、背信、侵占罪、性侵害犯罪防治法第二條所定之罪、組織犯罪防制條例第三條第一項、第二項、第六條、第九條之罪，經受有期徒刑一年以上刑之宣告確定，尚未執行完畢或執行完畢或赦免後未滿三年者。但受緩刑宣告者，不在此限。 　四、受感訓處分之裁定確定，尚未執行完畢或執行完畢未滿三年者。 　五、曾經營殯葬服務業，經主管機關廢止或撤銷許可，自廢止或撤銷之日起未滿五年者。但第三十八條第三項所定屆期未開始營業或第四十九條所定自行停止業務者，不在此限。 　六、受第五十六條所定之停止營業處分，尚未執行完畢者。	一、明定本條例施行後不得申請經營殯葬服務業之資格限制。 二、參考不動產經紀業管理條例第六條規定對於申請經營殯葬服務業者，作消極資格限定。
第四十二條 　　殯葬服務業應將相關證照、商品或服務項目、價金或收費標準展示於營業處所明顯處，並備置收費標準表。	明定殯葬服務業應將服務資訊展示並備置收費標準表，以利消費者評估與選擇。
第四十三條 　　殯葬服務業就其提供之商品或服務，應與消費者訂定書面契約。書面契約未載明之費用，無請求權；並不得於契約訂定後，巧立名目，強索增加費用。 　　前項書面契約之格式、內容，中央主管機關應訂定定型化契約範本及其應記載及不得記載事項。	明定殯葬服務業承攬業務應簽訂書面契約、中央主管機關應訂定定型化契約範本供參考使用及契約訂定後，巧立名目，強索增加費用之禁止等，以確保消費者權益及減少消費糾紛。

條　　文	說　　明
殯葬服務業應將中央主管機關訂定之定型化契約書範本公開並印製於收據憑證交付消費者，除另有約定外，視爲已依第一項規定與消費者訂約。	
第四十四條 　　與消費者簽訂生前殯葬服務契約之殯葬服務業，須具一定之規模；其有預先收取費用者，應將該費用百分之七十五依信託本旨交付信託業管理。 　　前項之一定規模，由中央主管機關定之。 　　中央主管機關對於第一項書面契約，應訂定定型化契約範本及其應記載及不得記載事項。	明定生前契約收費，應將該費用百分之七十五依信託本旨交付信託業管理，以確保消費者之權益，中央主管機關應訂定定型化契約範本供參考，並參照消費者保護法第十七條規定，明定主管機關應公告規定其定型化契約應記載或不得記載之事項。
第四十五條 　　成年人且有行爲能力者得於生前就其死亡後之殯葬事宜，預立遺囑或以填具意願書之形式表示之。 　　死者生前曾爲前項之遺囑或意願書者，其家屬或承辦其殯葬事宜者應予尊重。	明定成年人於生前得就殯葬事宜預立遺囑或填具殯葬意願書。 內政部爲宣導國人超越死亡禁忌，於生前即勇敢主張未來死亡後之殯葬事宜，爰明定具體實施方式。
第四十六條 　　直轄市、縣（市）主管機關對殯葬服務業應定期實施評鑑，經評鑑成績優良者，應予獎勵。 　　前項評鑑及獎勵之實施規定，由直轄市、縣（市）主管機關定之。	明定直轄市、縣（市）主管機關對於殯葬服務業應定期實施評鑑與獎勵，俾發掘問題並輔導改善，以提升經營及服務品質。
第四十七條 　　殯葬服務業之公會每年應自行或委託學校、機構、學術社團，舉辦殯葬服務業務觀摩交流及教育訓練課程。	明定殯葬服務業公會應舉辦業務觀摩交流及教育訓練，以提升會員之服務品質。
第四十八條 　　殯葬服務業得視實際需要，指派所屬員工參加殯葬講習或訓練。 　　前項參加講習或訓練之紀錄，列入評鑑殯葬服務業之評鑑項目。	明定殯葬服務業得派員參加講習或訓練，其紀錄並列入評鑑之參考。

條　　文	說　　明
第四十九條 　　殯葬服務業預定暫停營業三個月以上者，應於停止營業之日十五日前，以書面向直轄市、縣（市）主管機關申請停業；並應於期限屆滿十五日前申請復業。 　　前項暫停營業期間，以一年爲限。但有特殊情形者，得向直轄市、縣（市）主管機關申請展延一次，其期間以六個月爲限。 　　殯葬服務業開始營業後自行停止營業連續六個月以上，或暫停營業期滿未申請復業者，直轄市、縣（市）主管機關得廢止其許可。	明定殯葬服務業暫停營業之登記及自行停止營業之處置。
第五章　殯葬行為之管理 第五十條 　　辦理殯葬事宜，如因殯儀館設施不足需使用道路搭棚者，應擬具使用計畫報經當地警察機關核准。但以二日爲限。 　　直轄市或縣（市）主管機關有禁止使用道路搭棚規定者，從其規定。 　　第一項管理辦法，由直轄市、縣（市）主管機關定之。	鑑於目前殯儀館嚴重不足，強制規定喪家於殯儀館治喪實有困難，爲規範、改善民眾道路搭棚治喪之情形，明定直轄市、縣（市）主管機關對使用道路搭棚治喪應訂定管理辦法。
第五十一條 　　殯葬服務業不得提供或媒介非法殯葬設施供消費者使用。 　　殯葬服務業不得擅自進入醫院招攬業務；未經醫院或家屬同意，不得搬移屍體。	一、明定殯葬服務業提供或媒介非法殯葬設施之禁止。 二、明定殯葬服務業承攬業務時，不得滋擾醫院秩序及安寧，以保障就醫環境安全。
第五十二條 　　殯葬服務業就其承攬之殯葬服務應於出殯前，將出殯行經路線報請辦理殯葬事宜所在地警察機關備查。	明定殯葬服務業承攬業務時，應於出殯前將出殯行經路線報請備查，以利交通管理及突發事件之處理。
第五十三條 　　殯葬服務業或其他個人提供之殯葬服務，不得有製造噪音、深夜喧嘩或其他妨礙公眾安寧、善良風俗之情事，且不得於晚間九時至翌日上午七時間使用擴音設備。	明定提供殯葬服務時，妨礙公眾安寧、善良風俗之禁止及不得使用擴音設備之時段，以淨化殯葬儀式，端正社會風俗。

條　文	說　明
第五十四條 　　憲警人員依法處理意外事件或不明原因死亡之屍體程序完結後，除經家屬認領，自行委託殯葬禮儀服務業者承攬服務者外，應即通知轄區或較近之公立殯儀館辦理屍體運送事宜，不得擅自轉介或縱容殯葬服務業逕行提供服務。 　　公立殯儀館接獲前項通知後，應自行或委託殯葬服務業運送屍體至殯儀館後，依相關規定處理。 　　非依前二項規定或未經家屬同意，自行運送屍體者，不得請求任何費用。 　　第一項屍體無家屬認領者，其處理之實施規定，由直轄市、縣（市）主管機關定之。	一、明定憲警人員處理意外事件或不明原因死亡之屍體轉介承攬服務之禁止，以防其與特定殯葬服務業串通勾結，損害殯葬市場競爭之公平性與自由性。 二、明定殯葬業非依規定或未經家屬同意，自行運送屍體者，不得請求任何費用，以降低搶奪屍體之誘因。 三、監察院關心殯葬業者常至意外事件發生現場搶奪屍體，變相延攬生意，曾建議於研擬殯葬管理新法時，將上開問題納入考量解決。
第六章　罰則 第五十五條 　　殯葬設施經營業違反第七條第一項或第三十一條規定，未經核准或未依核准之內容設置、擴充、增建、改建殯葬設施，或違反第十八條規定擅自啓用、販售墓基或骨灰（骸）存放單位，經限期改善或補辦手續，屆期仍未改善或補辦手續者，處新臺幣三十萬元以上一百萬元以下罰鍰，並得連續處罰之。未經核准，擅自使用移動式火化設施經營火化業務，或火化地點未符第二十一條第一項規定者，亦同。 　　前項處罰，無殯葬設施經營業者，處罰設置、擴大、增建或改建者；無設置者，處罰販售者。 　　發現有第一項之情形，應令其停止開發、興建、營運或販售墓基及骨灰（骸）存放單位，拒不從者，除強制拆除或恢復原狀外，並處新臺幣六十萬元以上三百萬元以下罰鍰。	一、明定殯葬設施經營業違反第七條第一項或第三十一條之規定未經核准或未依核准之內容設置、擴充、增建或改建殯葬設施或違反第十八條之規定擅自啓用、販售墓基或骨灰（骸）存放單位，及未經核准，擅自使用移動式火化設施經營火化業務，或火化地點未符第二十一條第一項規定者之處罰。 二、為強化執行手段，迫使業者儘早採取改善或補辦手續措施，爰規定罰鍰得按日連續處罰之。
第五十六條 　　違反第二十二條第一項規定者，除處新臺幣三萬元以上十萬元以下罰鍰外，並限期改善，屆	明定違反第二十二條第一項及第三項規定之處罰及火化屍體涉及犯罪事實，私立殯儀館或火葬場

條　　文	說　　明
期仍未改善者，得按日連續處罰；必要時，由直轄市、縣（市）主管機關起掘火化後爲適當之處理，其所需費用，向墓地經營人、營葬者或墓主徵收之。 　　違反第二十二條第三項之規定擅自收葬、存放、埋藏或火化屍體、骨灰（骸）者，處一年以下有期徒刑；得併科新臺幣十萬元以上三十萬元以下之罰金。 　　私立殯儀館、火化場，違反第二十二條第三項規定火化屍體，且涉及犯罪事實者，除行爲人依法送辦外，得勒令其停止營業六個月至一年。其情節重大者，得廢止其許可。	之連帶責任。
第五十七條 　　違反第二十三條第一項規定面積，經限期改善，屆期仍未改善者，處新臺幣六萬元以上三十萬元以下罰鍰；超過面積達一倍以上者，按其倍數處罰之。	明定違反第二十三條第一項規定之面積，經限期改善屆期仍未改善者之處罰。
第五十八條 　　違反第二十四條第一項規定，經限期改善，屆期仍未改善者，處新臺幣十萬元以上三十萬元以下罰鍰；超過高度達一倍以上者，按其倍數處罰之。	明定違反第二十四條第一項之規定，經限期改善屆期仍未改善者之處罰。
第五十九條 　　違反第二十六條規定者，處新臺幣三萬元以上十萬元以下罰鍰。	明定違反第二十六條規定者之處罰。
第六十條 　　違反第二十九條規定，經限期補正，屆期仍未補正者，處新臺幣一萬元以上三萬元以下罰鍰。就同條第二款、第四款之事項，故意爲不實之記載者，處新臺幣三十萬元以上一百萬元以下罰鍰。	明定違反第二十九條規定者之處罰。

殯葬學概論

條　　文	說　　明
第六十一條 　　違反第三十二條第一項或第三十三條第一項規定者，依所收取之管理費及其他費用之總額，定其罰鍰之數額，處罰之。	明定違反第三十二條第一項或第三十三條第一項規定者之處罰。
第六十二條 　　違反第三十八條第一項規定經營殯葬服務業者，除勒令停業外，並處新臺幣六萬元以上三十萬元以下罰鍰。其不遵從而繼續營業者，得連續處罰。	明定殯葬服務業違反第三十八條第一項規定者之處罰。
第六十三條 　　違反第三十九條第一項規定者，處新臺幣五萬元以上五十萬元以下罰鍰外，並應禁止其繼續營業；拒不遵從者，按次加倍處罰之。	明定違反第三十九條第一項規定者之處罰。
第六十四條 　　違反第四十二條或第四十三條第一項規定，經限期改善，屆期不改善者，處新臺幣三萬元以上十萬元以下罰鍰，並得連續處罰之。	明定違反第四十二條或第四十三條第一項之規定，經限期改善屆期不改善者之處罰。
第六十五條 　　違反第四十四條第一項規定，經限期改善，屆期不改善者，處新臺幣六萬元以上三十萬元以下罰鍰。情節重大者，並得廢止其許可。	明定違反第四十四條第一項之規定，經限期改善屆期不改善者之處罰。
第六十六條 　　未具禮儀師資格，違反第四十條第二項之規定以禮儀師名義執行業務者，除勒令改善外，並處新臺幣六萬元以上三十萬元以下罰鍰。其不遵從改善者，並得連續處罰之。	明定違反第四十條第二項規定者之處罰。
第六十七條 　　殯葬服務業違反第四十九條第一項、第五十條、第五十一條、第五十二條或第五十三條規定者，處新臺幣三萬元以上十萬元以下之罰鍰，經	明定殯葬服務業違反第四十九條第一項、第五十條、第五十一條、第五十二條或第五十三條規定者之處罰。

條　文	說　明
限期改善，屆期仍未改善者，得連續處罰。情節重大或再次違反者，得廢止其許可。 　　前項處罰規定，於個人違反第五十三條規定時，亦同。	
第六十八條 　　憲警人員違反第五十四條第一項或第三項規定者，除移送所屬機關依法懲處外，並處新臺幣三萬元以上十萬元以下罰鍰。	明定憲警人員違反第五十四條規定之處理及處罰。
第六十九條 　　依本條例所處罰鍰及依第五十六條應徵收之費用，經限期繳納，屆期仍未繳納者，依法移送強制執行。	明定罰鍰等費用限期繳納而屆期仍未繳納之處理。
第七章　附則 第七十條 　　為落實殯葬設施管理，推動公墓公園化、提高殯葬設施服務品質及鼓勵火化措施，主管機關應擬訂計畫，編列預算執行之。	明定為落實殯葬設施管理，主管機關之擬訂計畫及編列預算。
第七十一條 　　醫院附設殮、殯、奠、祭設施，其管理辦法，由中央衛生主管機關定之。	明定由中央衛生主管機關規範醫院附設殮、殯、奠、祭設施。
第七十二條 　　本條例公布施行前，寺廟或非營利法人設立五年以上之公私立公墓、骨灰（骸）存放設施得繼續使用。但應於二年內符合本條例之規定。	為使本條例公布施行前，寺廟或非營利法人設立五年以上之公私立公墓、骨灰（骸）存放設施有依本條例規定申請核准設置之緩衝期間，爰明定該等設施得繼續使用，但應於二年內符合本條例之規定。
第七十三條 　　本條例施行前依法設置之私人墳墓，於本條例施行後僅得依原墳墓形式修繕，不得增加高度及擴大面積。經依第二十五條規定公墓墓基及骨	一、明定本條例施行前依法設置之私人墳墓僅得依原規模修繕。 二、中華民國七十二年十一月十

條　文	說　明
灰（骸）存放設施之使用年限者，其轄區內私人墳墓之使用年限及使用年限屆滿之處理，準用同條規定。 　　中華民國七十二年十一月十一日墳墓設置管理條例公布施行前，經主管機關核准設置之私立公墓，其緊鄰區域已提供殯葬使用，並符合第八條之規定者，於本條例施行後一年內，得就現況依第六條及第七條規定辦理擴充、增建之補正申請，不受第五十五條第三項強制拆除或恢復原狀之限制。	三日前設置之私人墳墓，其時尚無法令規範，依法律不溯既往原則，亦得依原規模修繕。
第七十四條 　　本條例公布施行前，已領得公司登記或商業登記證書之具一定規模殯葬服務業，於本條例公布施行後三年內得繼續營業，期間屆滿前，應補送聘禮儀師證明，經主管機關備查，始得繼續營業。	明定具一定規模殯葬服務業置禮儀師之過渡措施。
第七十五條 　　本條例施行細則，由中央主管機關定之。	明定本條例施行細則之訂定機關。
第七十六條 　　本條例施行日期，由行政院定之。	明定本條例施行日期。

附註：

一、中華民國九十一年七月十七日總統華總一義字第〇九一〇〇一三九四九〇號令制定公布全文七十六條。

二、行政院以九十一年七月二十九日院臺內字第〇九一〇〇三八四一七號令公布殯葬管理條例第一條至第二十條、第二十二條至第三十一條、第三十四條至第三十六條、第五十五條至第六十條、第六十九條至第七十三條、第七十五條及第七十六條，定自中華民國九十一年七月十九日施行；其餘條文（條次標有框線者），定於中華民國九十二年七月一日施行。

生命事業管理叢書　1

殯葬學概論

作　　者／鈕則誠

出 版 者／威仕曼文化事業股份有限公司

發 行 人／葉忠賢

總 編 輯／閻富萍

執行編輯／李鳳三

地　　址／台北市新生南路三段88號7樓之3

電　　話／(02)2366-0309

傳　　真／(02)2366-0310

郵撥帳號／19735365

戶　　名／葉忠賢

印　　刷／大象彩色印刷製版股份有限公司

I S B N ／986-81734-4-2

初版二刷／2010年9月

定　　價／新台幣320元

國家圖書館出版品預行編目資料

殯葬學概論 = Introduction to mortuary science and
funeral service / 鈕則誠著. -- 初版.
-- 臺北市：威仕曼文化　2006 [民95]
面；　公分. -- （生命事業管理叢書；1）
含參考書目
ISBN 986-81734-4-2（平裝）

1. 殯葬業

489.67　　　　　　　　　　　　　　94025784